西藏河谷区饲草种植技术

邵小明　余成群　钟华平　主编

中国农业大学出版社
·北京·

内 容 简 介

本书对西藏牧草种质资源、发展历史、国内外研究现状进行了概括，介绍了西藏河谷区牧草栽培的基本技术，重点讲述了西藏现有紫花苜蓿、箭筈豌豆、黑麦草、鸭茅、燕麦、垂穗披碱草、青饲玉米、苇状羊茅8种主栽品种来源与分布、形态特征、生长习性、播种及田间管理技术，并较详细地展示了紫花苜蓿与苇状羊茅、紫花苜蓿与垂穗披碱草、箭筈豌豆与燕麦等豆禾混播种植技术；本书对人工草地杂草控制也作了简单介绍。本书可作为提升西藏饲草种植技术水平以及农牧民生产实践的参考书。

图书在版编目（CIP）数据

西藏河谷区饲草种植技术 / 邵小明，余成群，钟华平主编. —北京：中国农业大学出版社，2019.5

ISBN 978-7-5655-1765-5

Ⅰ.①西… Ⅱ.①邵… ②余… ③钟… Ⅲ.①牧草－栽培技术－研究－西藏 Ⅳ.①S54

中国版本图书馆 CIP 数据核字（2019）第 320542 号

书　名	西藏河谷区饲草种植技术
作　者	邵小明　余成群　钟华平　主编

策划编辑	张秀环	责任编辑	张秀环　石　华
封面设计	郑　川		
出版发行	中国农业大学出版社		
社　址	北京市海淀区学清路甲 38 号	邮政编码	100083
电　话	发行部 010-62733489, 1190	读者服务部	010-62732336
	编辑部 010-62732617, 2618	出　版　部	010-62733440
网　址	http://www.caupress.cn	**E-mail**	cbsszs@cau.edu.cn
经　销	新华书店		
印　刷	北京时代华都印刷有限公司		
版　次	2019 年 5 月第 1 版　　2019 年 5 月第 1 次印刷		
规　格	787×980　　16 开本　　13.25 印张　　210 千字		
定　价	48.00 元		

图书如有质量问题本社发行部负责调换

编 委 会

引 言

　　西藏自治区是我国五大牧区之一，天然草地面积为 8 200 万公顷，占全区土地面积的 67%；天然草地可利用面积为 5 500 万公顷，约占中国天然草地面积的 26%。其中，大部分为高寒草地（海拔 4 500 米以上），高寒草地的面积约占西藏草地总面积的 75% 以上。全区天然草原年总储鲜草量 5 742 万吨，折合干草 1 822 万吨，载畜能力约 2 133 万羊单位。虽然草原是一个巨大的天然饲草储备库和畜牧业生产基地。然而，特殊的地理、气候环境，使西藏的草地在自然条件下的产量普遍偏低。

　　在过去较长时间里，西藏的人工草地由于草场产权不清，牧民个体和集体投资建设草场的积极性始终没有调动起来，只能依靠国家有限的投入来进行。从政府对牧业基础建设的投资力度来看，由于草场建设投资的需求大、效益周期长，因此，政府的积极性也不是很高。随着牲畜量的增加，天然草场的压力日益增大，这就加剧了原本生产力不高的草场退化乃至沙化，从而导致草原面积减少和天然饲草能力下降，草畜矛盾进一步激化，牲畜膘情下降，抵抗灾害的能力差，同时造成对以草为主的高原生态环境的破坏。这些情况的恶化致使生态系统失调，进一步加剧草场退化，形成恶性循环。

　　为解决草场退化，保护西藏的生态屏障，自 2008 年起，本研究团队在国家科技部、西藏自治区政府的大力支持下，在西藏河谷区重点开展了西藏饲草种植技术研究，以期解决西藏饲草优质品种的引进评价、种植技术（包括种植模式、播种量、水肥管理）以及宣传牧草科学种植等问题。

　　基于 10 年来的研究，我们将相关工作做了总结，编成该书，呈现给读者。本书旨在论述西藏自治区栽培饲草的技术措施，其目的是推广科学、高

效、合理的种草技术，促进西藏畜牧饲草产业的发展。如果能为西藏畜牧业发展和农牧民增收致富做出点滴贡献，是我们最大的心愿。

本书所涉及的相关工作得到西藏自治区"十二五"期间"西藏饲草产业重大专项"和西藏自治区"十三五"期间"饲草种质改良与利用"2个重大专项；西藏自治区"西藏紫花苜蓿高效根瘤菌筛选及其示范应用研究"和西藏自治区"西藏本土紫花苜蓿根瘤菌产品研究与示范"2个重点项目；中国科学院科技服务网络计划（STS 计划）；国家科技支撑计划"西部城郊生态涵养高效农业模式研究与示范（2014BAD14B 006）"课题和"青藏高原优质牧草产业化关键技术研究与应用示范（2007BAD 80B00）"项目以及"西藏农牧结合技术体系和农牧民增收模式构建（KFJ-EW-STS-070）"等资助。本书所做的研究由中国农业大学资源与环境学院、中国科学院地理科学与资源研究所和西藏自治区农牧科学院等单位专家和学生共同完成。

本书共分为 7 章：第 1 章主要介绍了西藏河谷区的资源概况；第 2 章主要介绍了西藏自治区农牧业发展的历程，论述了西藏河谷区发展农牧业的潜力与优势；第 3 章至第 5 章总结了国内外对于饲草栽培技术的研究现状、西藏牧草种植的历史与现状和适宜西藏河谷区自然环境的优质饲草资源，为引进饲草新品种及探索饲草种植技术提供了经验。第 6 章着重论述了西藏河谷区的饲草栽培技术以及项目实施这几年在藏区所做的饲草作物的品种筛选实验、饲草品种栽培技术实验和控制杂草等方面的研究和技术成果。其中，我们详细地介绍了如何在高原自然环境下种植优质饲草的经验与操作技术。第 7 章主要总结了对西藏牧草产业的展望、经验总结以及政府引导等相关对策建议。

本书是在总结前人经验与多年实验结果的基础上编写的，由于时间仓促，经验不足，难免有错漏之处，敬请广大读者批评指正。

编　者

2018.10.12

目 录

第 1 章

西藏河谷区资源概况

1.1 西藏河谷区的自然地理资源

西藏自治区（北纬 26°50′~36°53′，东经 78°25′~99°06′）位于青藏高原西南部，是中国西南边陲的重要门户。南北最宽 900 千米，东西最长达 2 000 千米，全区面积约 1.23×10^6 千米^2，约占全国总面积的 1/4，在全国各省、市、自治区中仅次于新疆。西藏自治区北邻新疆，东连四川，东北紧靠青海，东南连接云南，南与缅甸、印度、不丹、锡金、尼泊尔等国毗邻，西与克什米尔地区接壤，陆地国界线约为 4 000 千米。

全区地形地貌复杂多样，为喜马拉雅山脉、昆仑山脉和唐古拉山脉所环抱。地势由西北向东南倾斜，平均海拔在 4 000 米以上，海拔在 7 000 米以上的高峰有 50 多座，其中 8 000 米以上的有 5 座，被称"地球第三极"。西藏可分为 4 个地带。

一是藏北高原。它位于昆仑山脉、唐古拉山脉和冈底斯山—念青唐古拉山脉之间，长约 2 400 千米，宽约 700 千米，为一系列浑圆而平缓的山丘，其间夹着许多盆地，低处长年积水成湖，占自治区总面积的 1/3，是西藏主要的牧业区。

二是藏南谷地。它的海拔平均在 3 500 米，在雅鲁藏布江及其支流流经的地方，有许多宽窄不一的河谷平地，一般谷宽为 7~8 千米，长为 70~100 千米，地形平坦，土质肥沃，是西藏主要的农业区。

三是藏东高山峡谷。即藏东南横断山脉、三江流域地区，为一系列由东西走向逐渐转为南北走向的高山深谷，北部海拔 5 200 米左右，山顶平缓，南部海拔 4 000 米左右，山势较陡峻，山顶与谷底落差可达 2 500 米，山顶终年积雪，山腰森林茂密，山麓有四季常青的田园，景色奇特。

四是喜马拉雅山地。它分布在我国与印度、尼泊尔、不丹、锡金等国接壤的地区，由几条大致东西走向的山脉构成，平均海拔 6 000 米，是世界上最高的山脉。喜马拉雅山地西部海拔较高，气候干燥寒冷，东部气候温和，雨量充沛，森林茂密。

1.1.1　气候

与中国其他地区相比，西藏的气候呈现气温偏低、昼夜温差大的特点。全区年均温度为 −2.8～11.9℃。拉萨、日喀则的年平均气温比相近纬度的重庆、武汉、上海的年平均气温低 10～15℃，阿里地区海拔 5 000 米以上的地方，盛夏 8 月白天气温仅为 10℃左右，夜间气温甚至会降至 0℃以下。

总体而言，西藏自治区气候呈现西北严寒、东南温暖潮湿的特点。从东南至西北，它的气候类型为热带—亚热带—高原温带—高原亚寒带—高原寒带等，降雨上呈现湿润—半湿润—半干旱—干旱等明显的梯度变化的特点。最温暖的东南地区年均温度约 10℃，雅鲁藏布江河谷地带年均温度为 5～9℃；东部横断山脉地带，月均温度在 10℃以上的时间有 4 个月左右；藏北高原大部分地方年均温度在 0℃以下；喜马拉雅山脉及其北麓山地年均温度在 3℃以下。

由于地形、地貌影响，西藏自治区在相对较短的距离内具有复杂多变的气候类型。如藏东南和喜马拉雅山南坡高山峡谷地区，由于地势迭次升高，气温逐渐下降，气候类型发生从热带或亚热带气候到温带、寒温带和寒带气候的垂直变化。

西藏年降水量为 74.8～901.5 毫米，具有明显的旱季、雨季的季节分异和由东南向西北递减的空间分异。西藏在冬季西风和夏季西南季风的交替控制下，西藏旱季和雨季的分布非常明显，一般每年 10 月至翌年 4 月为旱季；5—9 月为雨季，雨量一般占全年降水量的 80%～90%。同时，西藏自治区的降水量各个地区分布极为不均，总的分布趋势是东多西少，南多北少，迎风坡多于背风坡，东南湿润，西北干燥，雨季分明。

以气温和降水为主要依据，西藏自治区可划分为 11 个不同的气候区，即山地热带季风湿润气候区、山地亚热带季风湿润气候区、高原温带湿润气候区、高原温带季风半湿润气候区、高原温带季风半干旱气候区、高原温带季风干旱气候区、高原亚寒带季风湿润气候区、高原亚寒带季风半湿润气候区、高原亚寒带季风半干旱气候区、高原亚寒带季风干旱气候区、高原寒带季风干旱气候区。

西藏是全国日照时间最长的地区，并呈现出由藏东南向藏西北逐渐增多的特点。太阳辐射的年变程，以 5 月或 6 月最大，12 月最小。全区年均日照时数达 1 475～3 555 小时，西北部地区则多在 3 000 小时以上。同时，西藏是中国太阳辐射能最多的地方，比同纬度的平原地区多 1/3，甚至 1 倍多。

由于海拔高，西藏每立方米空气中的氧气含量逐渐递减，海拔 3 000 米时相当于海平面氧气含量的 73% 左右，海拔 4 000 米时为海平面氧气含量的 64% 左右，到海拔 5 000 米时为海平面氧气含量的 59% 左右，海拔 6 000 米以上时海平面氧气含量则低于 52%。

综上所述，西藏气候总体表现出气温较低、温差大，干湿分明、多夜雨，冬春干燥、多大风，日照时间长、辐射强，气压低、氧气少等特点。

1.1.2　山脉

西藏自治区北有连绵千里的昆仑山脉及其支脉唐古拉山脉，南有喜马拉雅山脉，西有喀喇昆仑山脉，东有山高谷深的横断山脉，境内还有纵贯东西的冈底斯—念青唐古拉山脉及其支脉，平均海拔在 4 000 米以上。西藏高原的山脉，基本分为近东西向和近南北向 2 组，主要有以下几组山脉。

1. 喜马拉雅山脉

喜马拉雅山脉是地球上海拔最高、最年轻的山系，蜿蜒于西藏高原南侧，由许多近东西向的平行山脉组成，其主要部分在中国与印度、尼泊尔的交界线上，全长 2 400 千米，宽为 200～300 千米，主脊山峰平均海拔 6 200 米，其中海拔 8 844.43 米的世界第一高峰——珠穆朗玛峰，耸立在喜马拉雅山中段的中尼边界上，周围有 42 座 7 000 米以上的山峰，其中 4 座超过 8 000 米。

2. 昆仑山脉

昆仑山脉自西向东横亘在西藏高原的西北缘，海拔为5 500～6 000米。中国永久积雪与现代冰川最集中的地区之一。最高峰是新疆境内的慕士塔格峰，海拔6 973米。

3. 喀喇昆仑山—唐古拉山脉

喀喇昆仑山—唐古拉山脉主体部分位于新疆与克什米尔的交界线上，东西延伸。其最高峰格拉丹冬峰，海拔为6 621米，为中国第一大河——长江的发源地。

4. 冈底斯山—念青唐古拉山脉

冈底斯山—念青唐古拉山脉位于藏北高原的南缘，为藏北与藏南、藏东南的自然分界线，也是西藏内外流水系的主要分水岭。冈底斯山脉的主峰冈仁波齐，海拔为6 656米。念青唐古拉山的主峰念青唐古拉峰高为7 162米。

5. 横断山脉

横断山脉位于藏东南，由几条平行的山脉组成，山脉之间有深邃的河谷。这些山脉由西向东依次是：伯舒拉岭、他念他翁山、芒康山脉等，它们分别是由念青唐古拉山脉和唐古拉山脉延续转向而来，海拔为4 000～5 000米。

1.1.3　河流

青藏高原上的巨大山岭普遍发育着现代冰川，这些现代冰川是许多著名河流的源泉（即冰川融水）。西藏是我国河流最多的省区之一，境内江河纵横，水系密布。不仅有举世闻名的雅鲁藏布江及其五大支流（拉萨河、年楚河、尼洋河、帕隆藏布和多雄藏布），而且我国著名的长江、澜沧江、怒江、雅鲁藏布江等河流均发源于此。据统计，西藏地区标准以上（流域面积≥50千米^2）的河流有6 418条，总长度为17.73×10^4千米。其中，流域面积为100千米^{2}及以上的河流3 361条，总长度为13.16×10^4千米；流域面积为1 000千米^{2}及以上的河流331条，总长度为4.31万千米；流域面积为10 000千米^{2}及以上的河流 28 条，总长度为 1.20×10^4 千米。西藏有雪山数百座和占全国冰川面积 1/2 的冰川及丰富的地下水。

西藏的河流分为外流河和内流河，年平均径流量为 4.48×10^{14} 米 ^{3}。外流河按其归宿分属太平洋水系和印度洋水系，主要分布在东、南、西部的边缘地区；内流河主要分布在藏北高原，多是以高山雪水为源、以内陆湖泊为中心的短小向心水系内流河大部分为季节性流水，下游或消失在荒漠中，或在低地潴水成湖。

1. 雅鲁藏布江

雅鲁藏布江为西藏第一大河，发源于喜马拉雅山北麓仲巴县境内海拔 5 500 米的杰马央宗冰川，穿行西藏日喀则、拉萨、山南、林芝 4 个地市 23 个县。从墨脱县出境后被称为布拉马普特拉河，经印度、孟加拉国汇入印度洋。中国境内全长为 2 057 千米（在中国各大河流中居第 5 位），流域面积为 2.4×10^5 千米 ^{2}（在中国各大河流中居第 6 位），流域平均海拔为 4 500 米。雅鲁藏布江流域内人口约 100 万人（全自治区总人口的 37%），耕地面积为 1.5×10^5 公顷（总耕地的 41.67%）。西藏自治区的许多重要城镇，如拉萨、日喀则、江孜、泽当、八一镇等均分布在该流域内。

雅鲁藏布江由西向东流到米林县和墨脱县的交界处，被喜马拉雅山东段的最高峰南迦巴瓦峰（海拔为 7 782 米）挡住去路而被迫改向，形成了极为奇特的"马蹄形"峡谷大拐弯。据国家测绘局公布的数据，大峡谷北起米林县的大渡卡村，南到墨脱县巴措卡村，全长为 504.6 千米，最深处为 6 009 米，平均深度为 2 268 米，其长度超过美国科罗拉多大峡谷（长 440 千米），深度超过秘鲁科尔卡大峡谷（深 3 203 米），是世界第一大峡谷。1998 年 9 月，国务院正式批准大峡谷命名为"雅鲁藏布大峡谷"。

2. 拉萨河

拉萨河（藏语称"吉曲"）是雅鲁藏布江最长（全长为 568 米）、流域面积最大的支流（流域面积为 32 471 千米 ^{2}）。流域范围涉及拉萨市、林周县、当雄县、曲水县、堆龙德庆区、达孜区、墨竹工卡县、桑日县、那曲

市和嘉黎县流县流市。它发源于念青唐古拉山脉北侧的罗布如拉。自源头至麦曲汇入口以上为上游，麦曲至桑曲汇入口为中游，自桑曲以下为下游段，至曲水县附近注入雅鲁藏布江。流域内的人口、耕地约占全自治区的15%，是西藏工农牧业集中的地区，拉萨市就坐落在该河下游。流域以温带高原季风半干旱河谷以及寒冷半湿润高原气候为主；年气温为 −1.9～8.7℃，气温≥10℃的天数为 50～150 天，最暖月的气温为 8.9～15.5℃，最高气温达到 5.6～22.6℃，年最低温为 −13.9～−2.2℃。年降水量为 400.1～680.6 毫米，年相对湿度为 45%～61%，年日照时数为 2 211.8～3 021.7 小时。

3. 年楚河

年楚河是雅鲁藏布江的一级支流，发源于喜马拉雅山北麓康马县境内的桑旺湖，其上游称涅如藏布，向北流经马郎村，附近有支流龙马河汇入，然后折向西在江孜县附近有冲巴涌曲汇入，而后始称年楚河。年楚河河长为 217 千米，流域面积为 11 130 千米^2，包括日喀则地区的康马、江孜、白朗和日喀则三县一市的全部或大部。东与羊卓雍措—普莫雍措流域相邻，南面以喜马拉雅山与不丹王国毗邻，西面为下布曲流域，北面是雅鲁藏布江干流流域。年楚河流域属高原温带半干旱气候区，流域内降水量较少，根据年楚河江孜站和日喀则站 1956—2004 年实测降水量资料统计，流域内多年的平均降水量为 326 毫米，多年的平均年降水总量为 36.23 亿米^3。河流源头区有冰川发育和许多冰川湖，如冲巴雍错、白湖、桑旺湖等分布，冰川融水是年楚河的重要补给水源。

4. 尼洋河

尼洋河是雅鲁藏布江较大的支流之一，全长为 286 千米，流域面积为 1.75 千米^2。发源于念青唐古拉山南麓的拉闻拉、俄拉等一系列山峰环抱的湖盆地带，从源头的纳木措流出，由西向东流经百巴、更张、尼西、八一镇、林芝等地，在林芝市的立定村附近汇入雅鲁藏布江，全干流的落差为 2 080 米。尼洋河流域由于西南季风沿河谷爬升，形成丰富的降水，气候属于温暖湿润、半湿润类型。但整个流域的降水量差异很大，下游的林芝（海拔为 3 000 米）年降水量为 635 毫米，中游的工布江达（海拔为 3 800 米）年降水量却为 480 毫米，上游地区的降水量则更少。因此，流域内植被具有明显的垂直结构，发育着针叶林、针阔混交林、落叶阔叶林以及灌丛、草原。

1.1.4　湖泊

西藏是中国湖泊最多的地区，湖泊总面积约 2.38×10^4 千米^2，约占全国湖泊总面积的 30%。在西藏有 1 500 多个大小不一、景致各异的湖泊，错落镶嵌于群山莽原之间。其中超过面积 100 千米^2 的湖泊有 47 个，面积超过 1 000 千米^2 的湖泊有 3 个（即纳木措、色林措和扎日南木措）。西藏湖泊类型多样，几乎包含了中国湖泊的所有特征。所属湖泊中淡水湖少，咸水湖多，初步查明的各类盐湖大约有 251 个，总面积约 8 000 千米^2，盐湖的周围多有丰饶的牧场，也是多种珍贵野生动物经常成群出没之地。

西藏大多数中型湖泊，水色深蓝，清澈见底，加之雪山映照，令人心旷神怡。湖滨是丰饶的牧场，湖中是水禽和鱼群的乐园。一些较大的湖泊中往往有岛屿分布，这些小岛是"鸟的王国"，其中以阿里西部班公湖鸟岛最为著名。

西藏最为著名的湖泊为纳木措、羊卓雍措、玛旁雍措、班公湖、巴松措、色林措等。其中，纳木措是西藏自治区最大的湖泊，也是中国第二大咸水湖。地处拉萨市当雄县与那曲市班戈县之间。

1. 巴松措

巴松措 1997 年被世界旅游组织列为"世界旅游景点"，2001 年被国家旅游局评定为国家 4A 级旅游区，2002 年，被列入国家森林公园，在林芝市工布江达县境内，也叫措高湖。

2. 羊卓雍措

羊卓雍措是喜马拉雅山北麓最大的内陆湖，藏南最大的候鸟栖息地。湖

7

滨建有世界上海拔最高、落差最大的抽水蓄能电站。该电站落差达 800 多米，抽水隧洞长近 6 000 米，有 4 台水轮发电机组，装机容量 9 万千瓦，创造了多项世界第一和中国第一。

3. 色林措

色林措是世界第一高湖。湖面海拔为 5 386 米，水面为 92 千米 ^{2}，地处日喀则市仲巴县隆嘎尔乡境内。在西藏，海拔 4 000 米以上的湖泊就有近千个，海拔超过 5 000 米的约有 17 个。色林措是其中海拔最高的湖。

4. 玛旁雍措

玛旁雍措为世界上海拔最高的淡水湖之一，湖水胜似蓝宝石，清澈见底，常与冈仁波齐并称为"神山圣湖"。地处阿里地区普兰县境内，距狮泉河镇 200 千米。

5. 班公湖

班公湖位于阿里地区日土县城北面，大部分位于中国境内，小部分在克什米尔地区。

在西藏自治区，许多湖泊都被赋予宗教意义。纳木措、玛旁雍措、羊卓雍措，被并称为西藏的三大"圣湖"。此外，还包括在藏传佛教活佛转世制度中具有特殊地位的拉姆拉措湖，地处藏北的苯教徒心目中的著名神湖——当惹雍措，位于安多县的热振活佛"魂湖"——措纳湖等。

1.2 西藏河谷区的农业自然资源

西藏地势高亢，由西北向东南倾斜；地貌类型多样，边缘高山环绕，峡谷深切，内部高原、山脉、湖盆、盆地等地貌单元排列组合；高寒气候独特，复杂多样，气温日较差较大，气温、降水区域差异和季节差异明显；河流众多，湖泊密布；水平地带分异与垂直变化紧密结合，孕育了丰富多样的自然资源，为西藏农牧业的发展创造了良好的生产条件。

1.2.1　耕地资源

耕地资源是农牧业生产赖以发展的基础，耕地资源的数量、质量和开垦程度直接影响种植业的发展。西藏耕地资源特点如下。

1. 西藏土地资源丰富，耕地资源稀少

西藏土地面积约 $1.23.84 \times 10^6$ 千米 ^{2}，而宜农地仅占 0.39%，耕地又仅占 0.31%，耕地资源稀少。自 20 世纪 80 年代中期开始，当地人口的增长、流动人口的增多和城镇建设力度加大，西藏自治区的耕地面积逐年减少。1991 年人均耕地 1.57 公顷，现人均耕地面积近 0.13 公顷，耕地资源非常有限。

2. 耕地空间分异明显，利用难度较大

（1）西藏的最南部为暖热湿润区　海拔通常在 2 500 米以下。当地耕地利用方式分为水田和旱地两种类型。但该区域高山众多，耕地一般较集中分布于谷地，面积小，仅占全区总耕地面积的 5.6%。

（2）念青唐古拉山以南、喜马拉雅以北地区的温暖半湿润区　海拔集中于 2 500～3 000 米，耕地占全区总耕地面积的 11.4%，主要分布于河流宽谷、不连续且狭长的阶地和台地，地块小而分散，难以机械化和规模化生产。

（3）多属温暖半干旱区的河谷地带　该地带的耕地面积占全区总耕地面积的 60.8%，大部分分布在海拔 3 200～4 100 米。西藏中部"一江两河"流域的主要河谷农区位于该区域内，该区农业（种植业）产值占该区农业总产值的 72.98%，是西藏粮仓，总体地势较为平坦而集中，农田基本建设较好，光、热、水资源相对有优越性，有利于进一步发展机械化套复种作业。

（4）温凉半干旱半湿润区　该区地处高寒地带，耕地占全区耕地面积的 22.2%，是西藏第二大农业区，又称高寒农区，以种植一年一熟的喜凉春播作物为主，种植业主要限制因素是水。

总体而言，西藏 80% 以上的土地分布在海拔 4 000 米以上的地区开垦难度大、效益低，全区平均的垦殖指数不足 0.5%，属全国最低省区。西藏耕地面积区域分配不均以及现有耕地成点状、条带状分布的居多，加上地形地貌复杂，总体上利用难度较大。

3. 耕地资源的质量有待提高

西藏土壤发育程度相对差，耕地熟化程度低以及大风、暴雨致使 60% 的耕地属于中、低产田类型，如易旱型、劣质型、浅薄型、草害型等类型。缺水、种植制度单一、田间管理技术相对落后等因素均是亟待解决的问题。通过粮豆轮作，套复种绿肥、豆科作物压青是生物培肥土壤的有效措施，加大豆科牧草种植或与禾本科混播比例，不仅可以改善饲草供应、有利于防治杂草，而且还可以改善耕地质量，提高耕地生产率。

1.2.2　水资源

西藏水能资源丰富，且含沙量少、污染程度低、水质好。水资源有以下几个特点。

1. 水资源丰富

西藏河流径流总量约为 3 590 亿米^3，居全国第 2 位。天然水能理论蕴藏量达 2 亿多千瓦，超过长江三峡的水能蕴藏量。西藏约占全国水资源总量 13.6%（2015 年），居全国各省、市、自治区的首位。境内的雅鲁藏布江最大，占西藏外流河川径流总量的 39.8%，多年的平均流量达 4 902 秒 / 米^3，为黄河的 2.4 倍，仅次于长江、珠江，在全国河流中居第 3 位。自古以来，西藏主要农区就分布在谷地沿河岸区，十几个粮食基地县均在"一江两河"流域。

2. 地域分布极不均衡，年内季度间差异大，利用难度大

根据地理分布，西藏水资源可分四大片：藏东片、藏东南片、藏南片和藏北片。

（1）藏东片　它主要包括"三江"（金沙江、澜沧江、怒江），面积约为 8.0×10^4 千米^2，包括林芝部分县，昌都大部分地域，年降水量为 300～500 毫米，且 80% 以上的降水量集中在 6—9 月，年平均蒸发量大于 1 500 毫米，西藏一年两熟制的种植方式常见于该区。

（2）藏东南片　它主要指雅鲁藏布江大拐弯地区和察隅曲流域，面积约

为 1.4×10^5 千米^2，年平均降水量大于 800 毫米，气候温暖湿润，多属热带和亚热带气候，西藏多熟种植主要集中在该片区。

（3）藏南片　它主要指冈底斯—念青唐古拉山脉以南，喜马拉雅山山脉以北地区，面积 4.0×10^5 千米^2，年平均降水量均在 500 毫米以下，属于干旱半干旱类型，为西藏的主要粮食产区，以一季粮食作物为主。

（4）藏北片　闻名的"羌塘草原"面积约为 5.8×10^5 千米^2，年平均降水量小于 300 毫米，部分地区不足 100 毫米，有些地区常年无雨，如阿里地区无灌溉则无种植业，农业生产几乎纯粹为满足自家口粮。

西藏耕地用水主要来自降水、冰雪融化和地下水，它们的季节分配不均。西藏多年平均降水量为 558.1 毫米，主要集中在夏秋季，6—9 月降水占全年降水量的 90% 以上。降水量的空间差异性是导致西藏出现春旱秋涝现象的主要原因，即区内河谷农区农田最需灌溉的 4—5 月，农田用水严重不足。境内河流尤其内流河 10—5 月为枯水期，年降水变率较大。全区以高寒农区为主，60% 以上的耕地为雨养状态。这些对西藏有限的热量资源的利用是一个大的限制因素，而不是温度限制了水资源的利用。西藏年降水量从东南部及南部边缘地区向西北逐渐减少，冬、春季少雨、雨水集中于夏、秋季。西藏水资源的时空分布不均是影响西藏种植制度主要因素之一，也易造成同期不同地区不同类型的涝灾、旱灾等自然灾害。

1.2.3　光、热资源

光能资源丰富，日照时数多，太阳辐射强，对积温不足有一定的互补效应。光能资源是西藏最具优势资源，对西藏农业生产的分布和发展状况有很大的作用。西藏太阳辐射量和农作物生长期的光合有效辐射量，均比纬度相近的长江中游平原地区高 0.5～1 倍，大部分地区年日照时间达 3 100～3 400 小时，农作物生长发育期间的日照时数达 2 315～2 417 小时，占全年日照时数的 71%～82%。年平均日照百分率达 70%，日照百分率高可以补偿因海拔高、纬度偏北的降温作用，从而获得近似的积温值。这种日照的增温作用，对西藏农作物的分布有重要作用，也为充分利用日照条件改进作物结构现状，挖掘种植业的增产潜力提供了可能性。由于太阳辐射强、日照时数长，西藏

农田蒸发量也很大，据一些专家研究报道，西藏年均蒸发量为 1 967.3 毫米，农区年均蒸发量为 2 425.5 毫米，尤其夏末、初秋，农田浪费了许多水热资源。为提高农田剩余水热资源利用率，探索和发展适宜的套复种模式显得尤有为重要。

冬无严寒、夏无酷热、春秋气温上升下降缓慢，"一江两河"流域农区热资源一季有余。西藏大于 0℃ 的积温各地差异很大：高寒农区大于 0℃ 的活动积温为 900～2 000℃，以种植青稞为主；河谷农区大于 0℃ 的活动积温为 2 600～3 100℃，秋收后有剩余热资源。据预测，拉萨河谷农区冬青稞收获后大于 0℃ 的余热资源为 1 001℃，占全年大于 0℃ 积温的 35%。雅鲁藏布江中部流域冬青稞、冬小麦收获后大于 0℃ 的余热资源为 1 055～1 137℃，占全年大于 0℃ 积温的 35%～40%。

东南局部河谷农区大于 0℃ 的活动积温多于 3 000℃，种植多种喜温作物。西藏总体积温不足，大于 0℃ 活动积温限制了西藏作物的分布，也在一定程度上限制了多熟种植的发展。但中部河谷农区的热量资源表现一季有余，可以复种早熟油菜、豌豆和牧草，尤其是豆科绿肥牧草等。如何进一步提高剩余资源的利用率是西藏种植业发展积极探索的重大课题之一。

西藏地域辽阔，耕地资源比较集中，草地面积大，类型多样，土地资源极为丰富，但耕地资源数量有待开发；西藏水能资源丰富，且水资源质量好，但水资源分布非常不均衡，且利用率有待提高；光能资源特征性的丰富，热能资源丰富，有益于提高作物套种效益，年内温差相对较小。因此，西藏具有特色性的耕地资源、水资源以及光热资源为西藏农业的快速发展奠定了坚实的基础。

1.3　西藏河谷区的牧草种质资源

1.3.1　野生牧草种质资源

西藏草地植物共有 3 171 种，隶属 116 科、640 属，其中，青藏高原特有种 1 010 个，西藏高原特有种 709 个，喜马拉雅地区特有种 576 个。草地植物中可供牲畜采食的饲用植物有 2 672 种，分属 83 科、557 属。饲用植物中以菊科种数最多，有 352 种，占总种数的 13.17%；禾本科次之有 306 种，占 11.45%。从草地的建群种、优势种、分布面积和草质、产草量来看，禾本科、莎草科和菊科在草地群落中的作用最大，以它们为优势种的草地类型分布广泛，面积辽阔。从具体的牧草种类来看，根据草地中的重要性、分布范围、饲用价值以及相应栽培种的应用等，基于高寒地区种子本土化生产的考虑，列出海拔 3 000 米以上地区自然分布的豆科和禾本科草种（属），在近期研究中应引起重视。

1. 禾本科牧草

固沙草（*Orinus thoroldii*）、三角草（*Trikeraia hookeri*）、穗三毛（*Trisetum spicatum*）、大麦草（*Hordeum brevisubulatum*）、白草（*Pennisetumflaccidum*）、新麦草（*Psathyrostachys juncea*）以及赖草属（*Aneurolepidium*）、披碱草属（*Elymus*）、针茅属（*Stipa*）、早熟禾属（*Poa*）、羊茅属（*Festuca*）的部分种、变种或亚种。

2. 豆科牧草

草木樨（*Melilotus suaveolens*）、青藏黄耆（*Astragalus peduncularis*）、青海黄耆（*Astragalus tanguticus*）、小叶鹰嘴豆（*Cicer microphyllum*）、扁蓿豆（*Melilotus ruthenica*）等。豆科牧草主要分布在海拔 4 000 米以下。

1.3.2　栽培牧草种质资源

自 1965 年以来，西藏有关科研和推广单位进行了坚持不懈的牧草引种驯化试验工作，先后从国内外引进了 70 多个牧草品种，从中筛选出了近 20 个当家牧草品种。1998—2002 年，西藏自治区畜牧兽医研究所曲尼巴综合基地、中科院达孜生态站等单位从国内外引进牧草品种 157 份，筛选出适合在全区不同生态条件下种植的优质牧草品种 29 个，其中禾本科牧草 20 种（多年生 14 种，一年生 6 种），豆科牧草 8 种（多年生 5 种，一年生 3 种），其他种属 1 种。西藏农牧学院（2002）通过对 3 种苜蓿（紫花苜蓿、黄花苜蓿、内蒙古杂花苜蓿）在西藏林芝地区的引种比较试验，结果显示这3种苜蓿均适应林芝的气候条件，其中，紫花苜蓿表现最佳，杂花苜蓿次之。西北农林科技大学等（2007）研究认为，爱菲尼特、赛特、牧歌是适宜在藏区栽种的苜蓿品种，高产性和稳产性较好。仅从适应性和产草性能来看，引种证明适宜西藏不同地区种植或已种植有一定面积的牧草种类有以下几种。

1. 禾本科牧草

披碱草（*Elymus dahuricus*）、垂穗披碱草（*Elymus nutans*）、无芒雀麦（*Bromus inermis*）、冰草（*Agropyron cristatum*）、老芒麦（*Elymus sibiricus*）、多年生黑麦草（*Lolium perenne*）、多花黑麦草（*Lolium multiflorum*）、羊茅（*Festucaovina*）、苇状羊茅（*Festuca arundinacea*）、梯牧草（猫尾草）（*Phleum pratense*）、牛尾草（草地狐茅）（*Isodon ternifolius*）、新麦草（*Psathyrostachys juncea*）、羊草（*Leymus chinensis*）、鸭茅（*Dactylis glomerata*）、早熟禾（*Poa annua*）、燕麦（*Avena sativa*）等。

2. 豆科牧草

紫花苜蓿（*Medicago sativa*）、红豆草（*Onobrychis viciaefolia*）、沙打旺（斜茎黄耆）（*Astragalus adsurgens*）、毛苕子（长柔毛野豌豆）（*Vicia villosa*）、箭筈豌豆（救荒野豌豆）（*Vicia sativa*）、草木樨（*Melilotus suaveolens*）、白三叶（白车轴草）（*Trifolium repens*）等。

3. 其他科牧草

聚合草（*Symphytum officinale*）、鲁梅克斯（巴天酸模）（*Rumex patientia*）等。

以上所列牧草大多为温带广泛栽培的优质牧草，少数牧草品种一般栽培于亚热带，在西藏灵芝主要栽培于海拔相对较低的地区。很明显，海拔4 000米以上极耐寒的栽培牧草非常匮乏，特别是能够正常结籽且能形成经济产量的牧草亟待开发。

西藏具有数量庞大、种类繁多的野生牧草种质资源以及多个依靠先进科技引进的国外栽培牧草种质资源。随着科技的飞速发展，以西藏现有草地野生牧草资源和引种栽培的牧草资源为基础，进一步加强牧草种质资源的选育、评价以及开展不同地区的生产实践，从而加快西藏畜牧业发展。

第2章

西藏农牧业发展历程

2.1 西藏农牧业概况

20世纪50年代，西藏的农牧业仍笼罩在封建农奴制度下，三大领主占有着西藏绝大部分的耕地、草场、森林、牲畜及农奴。广大农奴被束缚在领主庄园和部落里，使用极其落后的生产工具，进行着简单的农牧业再生产。由于历史、自然等原因，农牧业的基础薄弱，特别是由于交通条件的制约，当地的特色农畜产品大部分在区内消化，很少能进入全国的市场。青藏铁路的建成通车，缩短了西藏与内地的距离，为促进西藏特色农业的发展，加快特色农产品进入市场提供了前所未有的机遇。据统计，20世纪80年代以后，农牧业机械化、电气化、化学化、水利化、良种化及精耕细作水平逐渐提高，给西藏传统农牧业注入了现代化活力。目前，西藏农牧业总产值仍约占工农业总产值的80%以上，农牧业人口约占西藏总人口的80%以上。因此，农牧业是西藏地区经济的基础和支柱产业。

藏南谷地位于冈底斯山脉和喜马拉雅山脉之间，即雅鲁藏布江及其支流流经的地域。这一带有许多宽窄不一的河谷平地和湖盆谷地，地形平坦、土质肥沃，是西藏主要的农业区。藏北高原，位于昆仑山、唐古拉山和冈底斯山、念青唐古拉山之间，由一系列浑圆而平缓的山丘组成，其间夹着许多盆地，约占全西藏自治区面积的2/3，是西藏主要的牧业区。

2.1.1 西藏农业—种植业

1. 农作物

西藏农业属于典型的高原农业。其农作物分高原农作物和低地农作物：高原农作物主要有青稞、荞麦、豌豆、马铃薯、油菜、圆根、萝卜、圆白菜等；低地农作物的种类多，农作物品种具有区域性特色，主要有稻谷、鸡爪谷、玉米、辣椒、大蒜、韭菜、冬瓜、黄瓜、扁豆等，还种植多种水果及经济作物，如香蕉、橘子、桃、梨、黑枣、杏、甘蔗等。种植业中的四大作物——青稞、小麦、油菜、豌豆皆属喜冷凉作物，特别是青稞只适宜该地带种植。农作物的耕作制度一般随海拔不同而相应地发生种类更替变化。青稞是西藏普遍种植的农作物，随海拔升高，种植面积不断加大，最后成为高寒地区的单一作物。种植制度上也随海拔的升高发生显著变化。

总体来说，西藏的农区是西藏综合条件较好的地区。该地区地势平坦，海拔较低，水资源丰富，既有利于农作物的种植、生产，也有利于种树种草。这些积极因素为农林牧各业之间相互促进、共同发展奠定了基础，还有利于西藏的传统农业向立体、高效农业的转化。

2. 作物布局

作物布局是指一个地区或生产单位作物结构与配置的总称。作物结构是指作物种类、品种、面积、比例等。配置是指作物在区域或田间上的分布。西藏广大农区的作物布局除了服从农业生产目标、社会需要和经济条件外，主要取决于水分、热量为主的气候和自然资源条件。西藏作物布局结构比较单一，全区以粮食生产为主，而粮食作物以青稞、小麦（其中冬小麦比例较大）为主，经济作物以油菜为主，单独的、纯粹的饲料作物种类较少。近 30 年来，西藏总体种植结构和作物组成有一定的变化。

西藏在全国属于冬、春麦区，而区内不同区域因自然条件不同、社会经济条件不同，适宜的作物种类和结构也有所不同。从作物布局的地域性特点看，西藏种植业区划分如下。

（1）暖热湿润区 该区位于西藏的最南部，大概海拔在 2 500 米以下，耕地利用方式有水田和旱地。该区在亚热带山地季风湿润气候区内，区内作物种类繁多，有水稻、淤泥、鸡爪谷、甘薯、大豆、绿豆、高粱、油菜、花生、甘蔗、芝麻、烟草等多种喜温作物和茶树、柑橘、油桐等亚热带经济林木以及各种喜温瓜类。近年来，该区开始注重经济果林的开发，但开发利用程度较低，种植业规模不大，没有充分发挥该区的经济果林和喜温作物的优势。

（2）温暖半湿润区　该区在高原温带季风半湿润、半干旱气候区，种植有冬青稞、春青稞、冬小麦、春小麦、豌豆、荞麦、玉米、蚕豆、马铃薯、油菜、甜菜等喜凉作物和苹果、梨、桃、杏、核桃等果树，以及各种叶菜类和其他萝卜、莴笋、蒜等喜凉蔬菜。种植面积以冬小麦和冬青稞为主，区内各县的作物结构差异很大。

（3）温暖半干旱区　该区耕地面积位居全区之首，属温凉半湿润半干旱气候，西藏重要商品粮基地，该区历史上只种植春青稞。自20世纪70年代冬小麦的引进，丰富了该区作物种类。种植作物有油菜、豌豆、玉米、甜菜、芜根、豆科饲料作物、荞麦等以及各种蔬菜，并且不断探索冬青稞、冬小麦与豆类绿肥和豆科饲草的套复种种植方式。

（4）温凉半湿润半干旱区　该区在高原寒带干旱气候区，种植业以春青稞为主，还有豌豆、油菜和喜凉蔬菜。青稞种植面积一般在80%左右。从总的趋势看，随海拔升高，作物种类减少，其中青稞比重增大，中温和喜温作物由少到无。这种趋势不仅在全区从东南到西北的大范围区域内存在，而且在县域范围内也是如此，尤其是喜温作物和喜凉作物分布差异明显表现出农作物极强的生态适应性。这种作物布局地域性差异，也导致了社会对植物性食品需求的不平衡性，有的地区应有尽有，而有的除了口粮什么都缺。这也是全区种植业合理规划布局的一个现实的难题。随着全球气候的变暖、科学技术的提高、社会经济的发展，这种区域性作物布局将会不断地发展变化。

2.1.2　畜牧业

西藏畜牧业独具特色，源远流长，是我国传统的五大牧区之一。在海拔4 000～5 000米的高原，蓝天与绿草相映，牛羊与流水齐鸣，千百年来藏民族纵横驰骋，经济生活的基础就倚靠畜牧业。在西藏可以说没有纯农区，但一定有纯牧区。西藏的畜牧业经济无论从经济结构中比重、出口创汇份额，还是从轻工业发展及人民生活水平提高，都有其不可替代的战略地位。如素有"世界屋脊的屋脊"之称的阿里，平均海拔为 4 500 米，被世人视为"地球第三极"。阿里高原水草丰美，拥有 4 亿多亩广阔草场，牛羊成群，是西藏主要的牧区之一。在丰富的畜产品中，当地盛产的山羊绒是国际市场的抢手货，被誉为"软黄金"。

畜牧业在西藏又分为农区畜牧业、草地畜牧业和城镇郊区畜牧业。农区畜牧业，含半农半牧区和林区的畜牧业，其不仅是种植业的延伸，也是农畜产品加工工业的支撑点。草地畜牧业是西藏重要的基础产业之一，是藏族人民世代经营的传统产业，西藏有土地面积约 1.23×10^5 千米 ^{2}，其中，草原面积近 8.3×10^5 千米 ^{2}，占黄土地面积的 2/3，占全国草原面积的 26%，其产品具有广泛的国际市场，并已成为出口创汇的拳头产品和主体产品，其出口额占全区出口额的 80% 以上。城郊畜牧业是商品经济发展的产物，西藏现有建制市 2 个，建制镇 31 个。在 33 个市镇中，10 万人以上的城市有 1 个，万人以上的城镇有 6 个。在市场经济化和城乡经济一体化的经济发展新阶段，城郊畜牧业已成为整个市场畜牧业经济的龙头和城镇经济、市场中心的一个重要的组成部分。

在西藏发展畜牧业的优势是拥有辽阔的牧场和丰富的水源，气温适宜。经过近 50 年的努力，西藏的畜牧业正在经历着由靠天放牧向科技牧业转变，由依靠经验向靠科技转变，由粗放经营向集约经营转变，由带有浓厚的自然经济特点的畜牧业向市场经济畜牧业转变，牧民的生产和生活由游牧向定居、半定居转变。总体而言，这是由传统牧业向现代化的转变，也是西藏畜牧业未来发展的根本出路。

2.2　西藏农牧业的发展历程

2.2.1　新中国成立前农业发展历史

西藏农业传统历史悠久。据西藏现有文献记载，西藏农业始于布德公杰时代（相当于中原的汉初），二牛抬杠耕种土地。公元 6 世纪左右，中原与西藏的关系开始密切，初步吸取较先进耕作技术，推动西藏该地传统农业的发展。西藏农业经历了从刀耕火种的原始农业到近代农业的撂荒休闲制，再从传统农业步入现代农业的发展阶段。

2.2.2　新中国成立初期的农牧业经济（1951—1959）

从 1951 年和平解放到 1959 年民主改革前，西藏存在着中央人民政府和西藏地方政府两种政权，受两种社会制度的双重影响。由于农奴制的生产关系没有彻底改变，西藏经济的基础产业——农牧业发展缓慢。种植业还处于极其落后的状况。除了农田灌溉较为普遍外，一般都很少施肥，农具原始，管理粗放，作物品种单调，生产水平相当低。

国家对整个西藏经济实行了一系列帮助扶持政策，如无偿发放农具，免费为牲畜防治疾病，发放无息贷款以及救济款、救灾款，国家组织收购西藏畜产品，昌都地区还颁布了废除乌拉制度等，在一定程度上促进了农牧业生产的恢复，使生产下降的趋势得到缓解。当时进藏部队的垦荒生产和进行必要的经济建设，对西藏农牧业生产的影响更是深远。进藏部队从 1951 年冬季开始在各地开荒生产中取得的丰富经验，对藏族群众起到了传播生产技术的示范作用，因而农业总产值缓步上升。1952 年，全区粮食平均亩产只有 140 斤，1958 年也只有 79 千克。1958 年民主改革前夕，牲畜总头数只比 1952 年增加 13.3%。

这一阶段西藏主要是执行和平解放《十七条协议》，暂时保留封建农奴制的社会制度。由于旧的生产方式的严重束缚，农牧业生产发展极为缓慢。由于新的生产方式注入古老的产业中，特别是交通设施的兴修和进藏部队在西藏的开荒生产，冲击和促进了西藏传统的农牧业。

2.2.3　农牧民个体所有制发展时期（1959—1965）

1959 年西藏地方政府被中央政府宣布解散，并由西藏自治区筹备委员会行使西藏地方政府的职权，西藏进入了民主改革时期，推翻了封建农奴制度，完成了土地改革任务。在农牧区，变农奴主所有制为农牧民所有制，发展了农牧业生产互助组。农牧民第一次成为自己的主人，有了自己的财产，享受自己的劳动成果。因此，劳动积极性倍增，劳动热情大大提高。考虑到西藏当时刚刚经历民主改革，中央为西藏专门制定了"稳定发展"方针，并颁布实施了"26 条""30 条"和"边境 10 条"等，这些政策对于稳定农牧民个体所有制和安定民心，促进农牧民休养生息起到了较好的作用。

各级人民政府为贯彻"26 条"和"30 条"做了大量工作，如发放扶贫贷款，提供各种生产工具，优价收购畜产品等。仅 1959—1963 年国家对西藏的农牧业投资达 5 240 万元，扶持农民发展生产。

农区执行"26 条"主要是整顿、巩固、提高互助组，大办农业、大办粮食，政府通过贷款、贷粮等多种办法扶持贫苦农民，解决他们缺少口粮、耕畜、农具和种子等生活及生产上的困难等。并改造农具，大力推广新式步犁，兴修水利，垦荒造田，改造低产田，扩大耕地面积，增施肥料，选育和推广优良品种等。这些措施使广大农民的积极性空前高涨，是对西藏传统农业的第一次也是规模前所未有的一次更新和改造，使种植业蓬勃发展，粮食产量逐年上升。

"30 条"成为指导当时畜牧业和整修牧区工作的纲领性文件，也起到了相当好的作用。其主要措施是建立各级畜牧业管理机构，发放大量畜牧业长期无息贷款，优价收购畜产品；培训技术人员，防治牲畜疫病；建立种畜场，进行品种选育和改良；加强牲畜的饲养管理，重视保护母畜和幼畜，提倡分群分类放牧，强调"全配、全怀、全生、全壮"；发动群众大修棚圈，贮草备料，防灾除害；成立草场管理委员会，保护草场，合理利用草场；各地牧民协会加强对牧业生产的指导和监督等，使西藏牧区焕发出从未有过的生机。这些大量的工作使农牧业生产得以迅速恢复和发展。

这一时期在中央"稳定发展"方针和西藏自治区工委的"大办农业、大办粮食、大办牧业、农牧并举、多种经营"的决策精神鼓舞下，农牧区很快掀起了互助生产和"爱国增产保畜"运动的高潮，迎来了农牧业连续 6 年的增产丰收。

1965 年，西藏粮食产量由 1959 年的 18 290 × 10^4 千克，增加到 29 073 × 10^4 千克。农业产值也由 4 591.2 万元增加到 8 304 万元，分别增长 58.9% 和

83%，年均分别增长 9.8% 和 13.8%。牲畜由 1959 年的 955 万头发展到 1965 年的 1 701 万头；畜牧业产值也由 9 478.8 万元增加到 18 323.8 万元，分别增长 78.1% 和 93.3%，年均分别增长 13% 和 15.5%。1965 年，农业总产值为 3.38 亿元，较 1959 年增长 82.70%，年均增长 10.62%，比民主改革前 7 年平均增长速度高出 10.52 个百分点。

这一阶段，由于贯彻中央政府为西藏制定的"稳定发展"的方针，使农牧业得到较好的发展，也是西藏农牧业经济发展的重要阶段之一。

2.2.4 社会主义改造和建设时期（1965—1978）

1965 年 9 月 1 日，西藏自治区成立，标志着西藏进入了社会主义改造的新时期。西藏社会主义改造分 2 个阶段完成：第 1 个阶段为试办人民公社阶段；第 2 个阶段为建社阶段。截至 1975 年年底，在全区 1 929 个乡（不含阿里地区），共建立 1 921 个人民公社。至此，西藏基本上完成了对农牧业的社会主义改造，把农牧民个体所有制转变成农牧民集体经济，使广大农牧民走上了合作化的道路。西藏社会主义改造基本上是在全国计划经济体制建立的大背景下完成的，因而也深受全国整体模式的影响。其农牧业合作化的总体进程，基本上遵循了自愿互利、典型示范和国家帮助的原则，实现了由临时合作、季节互助组和常年互助组发展到半社会主义性质的初级农牧业生产合作社，再发展到向社会主义性质的农牧业合作社的逐步过渡。这一过程从 1959 年取得平叛斗争和民改的胜利，一直到 1975 年社会主义改造基本完成，总共用了 15 年的时间。这是西藏广大农牧民群众从封建农奴制社会进入社会主义社会的深刻而伟大的历史性转变。这一阶段的农牧业发展分为 2 个时期，由于受到极"左"路线的干扰，前期（1965—1972）没有完全坚持"稳定发展"的方针，工作中也出现了"左"的思想和阶级斗争扩大化的问题，以至于造成西藏经济发展的不良后果，致使农牧业不能保持在已发展的基础上继续健康发展。特别是 1970 年以后，西藏大部分公社照搬了内地人民公社"政社合一""一大二公"的组织形式，脱离了西藏农牧业的生产力发展水平，产生了管理上的"一哄而上"，分配上的"平均主义""大锅饭"。如 1967—1972 年，由于受"文化大革命"的干扰，西藏的农业生产受到严重的影响，农田水利建设放松，许多新的农业技术被废弃。在对农牧业的社会主义改造中，脱离西藏实际，照搬内地人民公社的做法，不少地方一哄而起，一步登天，搞穷过渡，割资本主义尾巴等，这些都极大地挫伤了广大农民群众的生产积极性，致使粮食产量连年下降，1972 年比 1966 年下降 8%。在畜牧业还是"靠天养畜"的条件下，走"一大二公"，致使畜牧业生产发展缓慢而不稳定，一些地区草畜矛盾更加突出。1972 年，牲畜总数比 1965 年仅增长了 1.7%，牧业产值仅增长 13.02%，每年平均增长 2%。

后期（1973—1978）是西藏农业生产恢复和发展时期。这一时期中央对西藏也增加了大量的财政支援，使西藏农牧业在总体上还是有很大的发展。由于增加了对农牧业的投入，大力进行了农田水利草场基本建设，农牧业生产条件有了改善，良种的推广，耕作制度的改进以及各级干部和农牧民的艰苦奋斗，每年都有 8 万～10 万劳动力投入农田水利基本建设，使农牧业生产又得到较快的发展。据统计，截至 1977 年 6 月，西藏全区共修建梯田、园田、台田 100 多亩，修建水塘 5 000 多个、水渠 2 000 余条，总长达 5 000 千米，建成农村小水电站 160 座，装机 6 100 多千瓦。从 1972 年开始，西藏大面积推广高产作物冬小麦，并逐年扩大种植面积。农业机械由国有农场逐步推广到农村，机耕机播面积大幅度增加，化肥得到广泛应用，由于各方面投入量的增加，促进了农业生产的迅速恢复和发展。1977 年，全区粮食首次突破 5 亿千克大关。

从 1973 年开始，畜牧业的情况有了好转。1973 年和 1978 年曾召开了全区第三次和第四次牧区工作会议，确定了牧区"以牧为主，多种经营"的方针，调整了一些牧区工作政策，落实社员自留畜，开始纠正单纯追求牲畜头数的牧业生产指导思想，提出了调整牧业生产结构和畜牧群结构，大搞草场基本建设。改善牧业生产条件，并在农区积极发展养猪业，坚持开展绵羊品种改良和牲畜疫病防治，提倡科学养畜等。这些措施，使这一时期畜牧业得到较大的发展。牲畜总头数从 1973 年的 2 025 万头（只）发展到 1979 年的 2 349 万头（只），主要畜产品产量也有不同程度的增长，肉食增长 30%，绵羊毛增长 27.4%，奶类增长 38.3%，畜牧业产值增长 27.3%。

但是这一阶段的西藏农牧业基本上处于自给自足的自然经济状态，农村生产力水平不高，生产经营方式落后，农牧民商品观念较差，农村市场的发育程度较低的状况仍没有得到完全改善。另外，西藏在现代意义上的工业是在和平解放后才逐步发展起来的，与农牧业本身缺乏各种产业之间的联系与沟通，因而农业的发展在相当程度上还缺乏产业链条中的前后向推动与拉动，在一定程度上制约了西藏农村经济可持续的发展。

2.2.5　改革开放新时期（1978 年至今）

随着全党工作重心向经济建设转移，中央始终强调农业的基础地位并提出加快发展农业，先后召开了 3 次西藏工作座谈会。针对西藏经济发展的实际，对西藏农村实行了休养生息的"宽、优、特"政策，在农区实行了"土地归户使用，自主经营，长期不变"。在牧区实行了"牲畜归户，私有私养，自主经营，长期不变"的政策。"两个长期不变"政策的实施，符合西藏农村经济发展的实际水平，极大地调动了农牧民群众的生产积极性。同时，全区各级党政组织和农村经济主管部门在新的形势下，从农村经济发展的实际出发，在资金、技术、人员和物资等方面积极支援农业，使西藏农牧业生产始终保持了较好的发展势头。在抓好粮食生产的同时，集体经济也得到了相应的发展，乡镇企业开始起步，农村经济结构开始发生变化。

随着农村改革和发展的逐步深入，西藏的农业生产进入了稳定发展时期。1988 年以来，西藏自治区曾 2 次召开全区农牧业生产会议，在会议上认真总结经验、教训，并在 3 个方面做出了重大决策。

一是进一步强调农业在国民经济中的基础地位，提高认识，加强对农业的领导。地、县、乡三级实行"三级承包制"和主要行政领导任期目标责任制。

二是深化农区改革，坚持土地归户、自主经营、长期不变的政策，开展统分结合、双层经营，建立健全社会化服务体系。1988 年 11 月，在日喀则市召开了全区农业技术工作会议。确定了农业技术推广项目，并实行技术示范、技术承包和强化组织管理相结合的办法，同时成立了西藏自治区农业技术推广总站。西藏自治区农业局、西藏自治区农业技术推广总站在总结经验的基础上，根据生产的发展和各地的实际情况，系统地归纳了 10 项农业适用技术，并确定林周、江孜、贡嘎、日喀则 4 个县（市）为全区科技示范县（市）。

三是增加投入，改善生产条件。特别是对农田水利建设实行重点倾斜，投资主要集中于 9 个商品粮基地县，除搞好新建项目外，对原有大部分农田水利设施进行了全面的维修和配套。与此同时，大幅度增加了化肥施用量。

　　由于采取了以上一系列行之有效的措施，西藏的农业生产呈现稳定高产趋势，结束了西藏全区农业生产长期徘徊的局面，开始了稳步向前发展的态势。在 1998 年，粮食总产量达 85×10^8 千克，比 1959 年增加 3.4 倍。1999 年粮食总产量已达 92×10^8 千克。

　　1979—1983 年，西藏畜牧业主要是围绕贯彻 1980 年中央召开的第一次西藏工作会议精神，开始了牧区的经济体制改革：一方面清除"左"的影响，放宽政策，使牧民群众得以休养生息，免征牧业科税，取消对畜产品的统派购，恢复集市贸易，鼓励牧民群众发展家庭副业，允许牧民进城经商或从事工业、建筑业、运输业、服务业等经营活动，允许牧民增加自留畜。据统计，这一时期全区自留畜增加了 2 倍。另一方面，大力探索和实行各种形式的牧业生产责任制，初步调动了牧民群众的生产积极性。

　　1984 年，中央召开第二次西藏工作座谈会，加快了牧区经济体制改革，在坚持草场公有制不变的基础上，实行"牲畜归户，私有私养，自主经营，长期不变"的政策；实行以家庭经营为主、市场调节为主的政策，全部放开畜产品市场和价格，继续免征牧业税至 1990 年；提出了"以牧为主，牧农结合，因地制宜，多种经营，全面发展商品生产"的农牧业生产方针。在畜牧业生产的指导思想上，由单纯追求牲畜数量转变为数量与质量并重，调整农牧业生产布局和畜牧业内部结构，努力增加畜产品商品率，提高牧业经济效益。与此同时，中央和西藏自治区还用一定的财政投资，大搞以草场建设、牲畜疫病防治、品种改良为主要内容的畜产品商品基地建设。由于采取了这一系列重大举措，大大解放和发展了生产力。1984—1989 年，牧业产值增长了 60.23%，平均每年增长 3.85%，畜产品产量也大幅度增加，1999 年，肉类产量达 13.5×10^8 千克。

　　1990 年，西藏自治区召开了全区第五次牧区工作会议，在全面、深入总结前 12 年畜牧业发展经验和问题的基础上，安排了畜牧业发展的"八五"计划和"九五"设想，为把西藏畜牧业的发展提高到一个新的水平，逐步向社

会化、区域化、专业化和现代化过渡，开拓了一个新的起点。

截至 2000 年，西藏全区粮食、油菜总产量分别比 1978 年增长近 1 倍和 4 倍；畜牧业在牲畜总量基本稳定的情况下，经济效益显著提高，西藏全区肉、奶产量分别比 1978 年增长 2 倍多和 1 倍多；农业总产值增长 11 倍；"菜篮子"工程建设成效显著，西藏全区蔬菜地面积达 5 万亩，品种达 60 余个，年产量 17×10^8 千克，渔业产量 1 800 吨，部分重点城镇旺季蔬菜自给率达 70%。这二十年是西藏农牧业生产稳定发展的 20 年，也是广大农牧民群众生活水平和质量明显改善的 20 年，西藏农牧业的综合生产能力大幅度提高。

纵观西藏农牧业的发展历程，西藏农业从刀耕火种到撂荒休闲制，再从传统农业步入现代农业的发展阶段。经过这一系列艰难而又漫长的体制改革，一定程度上克服了西藏农村经济发展的制约条件，农牧业综合生产能力大幅度提高，使西藏主要农畜产品由过去的长期短缺变为总量基本平衡，部分地区出现品种性、结构性的供大于求。与全国一样，西藏农牧业发展也进入了一个战略性结构调整的新阶段。

第 3 章

国内外饲草栽培技术研究现状

我国牧草种植历史悠久，有文字记载的人工牧草种植是在 2 000 多年前。我国草地面积高居世界第 2 位，但比发达国家肉食 70% 以上来自牧草转化，我国的转化水平则不到 30%。特别是在人工牧草水、肥管理上有极大提升空间。

3.1 饲草栽培在水利用效率方面的研究

在干旱、半干旱生态系统中，水是植物生长最主要的限制因子，水分利用效率（WUE）是作物抵御水分胁迫有关的重要生理特性，是各种因素综合作用的结果。传统的作物水分利用效率是指消耗单位水分所产生的同化物质的量，它反映了农业生产中作物的能量转化效率。单叶水平的水分利用效率表示为光合速率与蒸腾速率的比值，而个体和群体水平则通常表示为干物质产量（或籽粒产量）与同期蒸腾蒸散量之比。

有关水分利用效率的研究一直是国内外干旱与半干旱地区植物生理生态学和农业研究的热点，尤其在研究影响植物水分利用效率的因素以及如何提高水分利用效率方面取得了大量的研究成果。国内外有很多学者对植物的水分利用策略进行了研究，主要研究区域为干旱半干旱地区或季节性干旱地区。纵观水分利用效率的研究，无论国外，还是国内都历经了从宏观到微观不断深入的过程。20 世纪初，Briggs 和 Shantz 就已开始了植物水分利用效率的研究工作，Bierhuizen、Fisher 和 Farqu-har 等相继涉足植物水分利用效率的研

究，建立了多种不同条件下的水分利用效率模型。随后，De Wit 通过分析干旱强辐射气候条件下，作物产量与蒸腾量的关系，建立了线性蒸腾效率模型，奠定了作物 – 水分关系、水分利用效率计算机模拟研究的基础。近来，国外已开展细胞生物学水平上的水分利用效率的研究，分析物种间或品种间水分利用效率差异的生物学基础，为利用分子生物学技术提高作物水分利用效率提供理论基础。

国内有关水分利用效率的研究起步相对较晚，20 世纪 80 年代才开始系统研究。起初多注重农田水平上作物水分关系也即产量水平上水分利用效率的研究，随着节水农业和生态环境保护研究的兴起和深化，水分利用效率研究的发展非常迅速，在"七五"和"八五"期间进行的作物需水量、耗水量与水分利用效率的研究已经取得了重要成果，并在全国范围内针对不同生态类型区进行了细致研究。水分利用效率的研究已成为干旱半干旱、半湿润地区农业持续发展、植被恢复和抗旱品种选育研究中的热点。

水分数量不足及其在时空分配上的不平衡性是农业生产中作物频频发生旱情的主要原因。挖掘作物本身潜力，通过有效的途径合理利用有限的水资源是解决旱地水分问题的研究方向。气孔是植物体内水分散失和 CO_2 进入的门户，其分布、大小及开闭受水分条件的影响很大。当土壤含水量小时，气孔导度小，随土壤含水量增大，气孔导度增大，土壤含水量与气孔导度和蒸腾速率呈极显著正相关。作物产量一般随供水量的增加而增加，当达到一定产量水平时再增加供水，作物产量不再增加或增幅极小，而水分利用效率与供水量的关系并非单一增值线性关系而是呈抛物线状，增至一定程度便开始下降。禾谷类作物苗期受轻度干旱可促进根系生长产生一定的"补偿效应"来提高作物抗旱性，不减产甚至增产。在高产范围内，适当减少供水量可保证产量和水分利用效率同时稳定在较高的水平上，并获得最佳的经济效益。WUE 在轻度水分胁迫下，光合效率没有下降甚至高于充分供水，但蒸腾量却显著下降。这是由于蒸腾超前于净光合降低，即使在中度水分胁迫下气孔开度减小，蒸腾下降幅度大，而净光合下降不显著，因此，在一定水分胁迫下的 WUE 有所提高。另外，光照强度、温度、气流等因素均可影响 WUE。

目前许多国内外相关专家对水分利用效率进行一系列的研究，在干旱与半干旱地区植物生理生态学和农业领域的研究尤为突出，此外，对影响植物水分利用效率的因素以及提高水分利用效率的方法研究上收获颇丰。植物的水分利用策略也是另一研究热点，农业生产中作物频频发生旱情的主要原因是水分数量不足及其在时空分配上的不平衡

3.2　饲草栽培在氮利用效率方面的研究

氮是植物体内绝大多数的生理过程和生化反应的主要参与元素，并在植物生长与发育过程中具有重要作用。在现代农业生产中，施氮是调节作物生长与发育的重要措施，施氮对作物的影响体现在生长、产量、营养品质、降解发酵等诸多方面。

3.2.1　施氮对作物生长的作用

适量施氮能够促进作物植株增长，进而提高其产量。施氮对白三叶（*Trifolium repens*）、红三叶（*Trifolium pratense*）、紫花苜蓿（*Medicago sativa*）、多年生黑麦草（*Lolium perenne*）、饲料苋草（*Amaranthus cruentus*）和狼尾草（*Pennisetum alopecuroides*）的株高生长均具显著促进作用。在农田系统中，过量施氮会引起作物倒伏，导致减产现象发生。

禾本科作物生育期初始的分蘖，在一定程度上能弥补由于生长密度过低而造成的产量下降，施氮能提高作物分蘖的数量和质量，进而提高其产量。对狼尾草连续两年的研究表明，随着施氮量增加，植株分蘖数量显著提高。对水稻施氮量与分蘖量间关系的研究发现，有 66%～96% 的分蘖来自氮肥推动。进一步对施氮条件下植株组织氮含量与分蘖量间关系进行分析，我们发现当植株组织的氮含量超过 3.5% 时会促进更多分蘖发生，当氮含量低于 2.5% 时会迫使作物停止分蘖，而当氮含量低于 1.5% 时，原有的分蘖出现死亡。

作物地上、地下部分的生物量构建主要依赖于叶面积指数、叶光合势、光合速率、呼吸速率和氨基酸合成速率，其中，叶面积指数（leaf area index, LAI）是影响作物生物量形成的主要因素之一。叶面积指数是指单位土地面积

叶片总面积占土地面积的倍数。通过促进叶片数量和叶面积增加，施氮能够显著提高禾本科和豆科作物的叶面积指数。对小麦（*Triticum aestivum*）研究发现，受内源性遗传物质的控制，施氮是通过促进分蘖数量，而非单株叶片数量来提高其叶面积指数。另有研究表明，施氮不仅促进叶面积指数的提高，还能够延长绿叶存续时间和作物营养生长时间。

3.2.2 施氮对作物产量的作用

以大须芒草（*Andropogon gerardii*）、东伽马草（*Tripsacum dactyloides*）、印度草（*Sorghastrum nutrans*）和柳枝稷（*Panicum virgatum*）等饲草品种为对象开展的施氮研究表明，施氮能够显著提高饲草产量。对杂交狼尾草（*Pennisetum americanum × P. purpureum*）添加不同施氮梯度（0、50 千克 / 公顷、75 千克 / 公顷和 225 千克 / 公顷），随着施氮量的增加，饲草产量也显著增长（15%～31%），两者之间呈线性相关。但对水稻（*Oryza sativa*）添加不同施氮梯度（0～200 千克 / 公顷）后的研究结果表明，不同基因型水稻的地上干物质积累量随施氮量增加呈线性或二次曲线增长，这表明施氮对作物产量的影响与其品种、基因型密切相关。

Benzian 和 Lane 众多的综合试验结果表明，作物产量的提高幅度会随着施氮量增加，呈现报酬递减趋势。这一趋势与作物所处环境中氮的可利用性有关，即当环境中可利用氮源匮乏时，少量施氮就可以促进产量明显增长，而当环境中的可利用氮源充足时，施氮引起的产量增长效应并不显著。目前，大部分研究结果表明饲草产量与施氮量之间呈正相关性，也有一部分研究认为施氮对饲草产量无影响或有负面影响，这种结论上的差异可能与研究地点和研究对象等因素有关。

3.2.3 施氮对作物营养品质和发酵特性的影响

施氮能够促进饲草粗蛋白含量的积累。在 Bishop 等的研究中，施氮（45～135 千克 / 公顷）提高了大麦（*Hordeum vulgare*）叶部、籽粒和秸秆中的粗蛋白含量，增幅分别为 28%、29% 和 73%。施氮提高植物体内粗蛋白含量的结论也出现在早熟禾（*Poa pratensis*）、高羊茅（*Festuca elata*）、饲料玉米（*Zea mays*）、甜高粱（*Sorghum bicolor*）、梯牧草（*Phleum pratense*）、小黑麦（*Secale sylvestre*）和高丹草（*Sorghum bicolor* × *S. sudanense*）的研究中。

施氮能够影响饲草中性洗涤纤维（Neutral Detergent Fiber, NDF）和酸性洗涤纤维（acid detergent fiber, ADF）的含量。对意大利南部的小麦进行研究发现，施加氮肥可显著增加小麦秸秆中 NDF 和 ADF 的含量。而对中国扬州种植的苏丹草（*Sorghum sudanense*）进行研究发现，随着施氮量的增加（0～360 千克/公顷），苏丹草中的 NDF 和 ADF 含量呈现先上升后下降的趋势。但 Nori 等得出不同的结论：在 120～240 千克/公顷的施氮水平下，水稻秸秆、茎和叶中 NDF 和 ADF 含量随着施氮量的增加出现下降。对白草（*Pennisetum flaxccidum*）的施氮研究也得出施氮导致饲草 NDF 含量降低的观点。事实上，施氮对饲草 NDF 和 ADF 含量的影响还与其他因素密切相关。对匍匐冰草（*Agropyron repens*）添加铵肥发现，不同刈割次数会导致其 ADF 含量对施氮的响应存在较大差异。Collins 等把含早、晚熟品种在内的 9 种燕麦（*Avena sativa*）作为研究对象，将其播种在 4 处不同的地点，对其施用相同的氮处理（0～112 千克/公顷）后发现，施氮提高植株 NDF 含量（46 克/千克）的情况仅仅出现在 1 处地点，其他 3 处地点的 NDF 含量出现轻微下降。上述研究结论说明，作物 NDF 和 ADF 含量对施氮的响应是受施氮量、氮肥形态、作物品种、种植地点等多因素影响。

施氮能够影响饲料的纤维素、半纤维素、灰分、粗脂肪和氨基酸等含量。对饲料玉米的研究表明，高氮处理组（600 千克/公顷）的纤维素、半纤维素和灰分含量低于低氮处理组（300 千克/公顷）。而高氮处理组下的粗脂肪含量高于低氮处理组。对小黑麦和黑麦草）的研究表明，施氮还能够提高植株组织的氨基酸和硝态氮含量。

农业施氮措施改变了饲草的营养组成，而与饲草营养组成密切相关的饲草消化率和发酵性能也会随之改变，饲料的可消化性对反刍动物的营养摄取十分重要。结构性碳水化合物是植物细胞壁的主要成分，它主要包括纤维素、木质素、半纤维素和果胶。反刍动物通过瘤胃内的微生物将饲草的结构性碳水化合物分解为乙酸、丙酸和丁酸等挥发性脂肪酸，这些挥发性脂肪酸为机体提供超过 70% 的能量供应。瘤胃微生物还能将饲料中的粗蛋白降解为寡

肽、氨基酸和铵，因此，瘤胃中铵态氮的浓度和微生物蛋白含量能够准确反映饲料蛋白的降解和微生物对氮的摄取利用程度。

目前，国内外研究仅关注施氮对饲草产量和营养成分方面的影响，而忽视了施氮对饲草消化性能的影响。开展的少量研究，仅把施氮对饲草消化率的抑制影响做出简单描述，并没有深入探讨相关机理问题，且涉及的饲草品种数量寥寥无几，如施氮使多花黑麦草（*Loium multiflorum*）、杂交象草（*Pennisetum purpureum*）和梯牧草消化率降低的研究。所以进一步研究施氮对各类饲草消化性和发酵特性的影响是十分必要的。

3.2.4　施氮量和施氮类型对作物氮利用效率的影响

1. 施氮量对作物氮利用效率的影响

① 氮是全球范围内农业生产的主要限制性元素，施氮有利用于保持土壤中的有效氮水平，进而促进农业生产力提高。

氮在土壤中有 2 种主要存在形态：有机氮和无机氮形态。虽然有机氮形态占总氮量的 98% 以上，但不能直接被植物利用，需要通过矿化作用转化为一系列可利用氮形式，可溶性有机氮形态虽然可以方便地被植物吸收利用，但吸收量极少。无机氮又被称为矿质氮，仅占土壤氮总量的 1%～2%，主要包括可以被植物直接吸收利用的铵态氮（NH_4^+-N）和硝态氮（NO_3^--N）。NH_4^+带正电荷，可被土壤负电胶体表面所吸附，易进入黏粒矿物晶穴中成为"固定态铵"，这种固定态铵不能为植物利用。在通气性较好的土壤容易发生硝化作用将 NH_4^+ 转化为 NO_3^-，但 NO_3^- 为负离子，不能被土壤胶体吸附，容易随着降雨和灌溉等水文过程移动到根系以下，造成淋溶损失。

② 施氮是提高作物产量的主要措施，在一定范围内随着施氮量增加，作物的氮吸收量和产量明显增加，但氮利用效率降低。

在高施氮水平下，氮利用效率高低被理解为植物的氮吸收能力大小；在低施氮水平下，氮利用效率高低被解释为单位氮肥投入获得的产量（或氮回收量）回报。对 2 种饲料燕麦品种进行氮吸收利用效率的研究结果表明，随着施氮量（0～120 千克 / 公顷）的增加，燕麦产量、总氮积累量显著提高，氮肥表观利用率和氮肥农学效应显著降低，且不同品种间存在较大差异。对高丹草进行不同梯度施氮处理后，氮利用效率同样随着施氮量的增长（0～360 千克 / 公顷）从 48% 降低到 46%。高施氮水平下氮利用效率降低的结论也出现在多年生黑麦草、早熟禾、无芒雀麦（*Bromus inermis*）和鸭茅草（*Dactylis glomerata*）的研究中。

2. 施氮类型对作物氮利用效率的影响

施氮类型主要区别于氮肥的来源与成分，氮肥分为两大类：无机氮肥（化学肥料）和有机氮肥。无机氮肥具有成分单纯、含氮量高、易溶于水、分解快和易被植物吸收的特点，而有机肥具有养分齐全、增强土壤保肥能力、分解缓慢、肥效长的特点。研究表明，长期大量施用氮肥会引起土壤和根区硝态氮的无效累积，进而导致环境污染的发生。对甜菜开展 ^{15}N 标记施肥试验，发现无机氮肥处理组有 43% 的硝态氮淋溶到土层 1.8 米深处，而有机氮肥处理组在 1.8 米处无硝态损失发生。适当施用有机氮肥能够有效规避无机氮肥施用带来的氮损失和水污染风险，为土壤—植物系统带来有利的物理、化学和生物变化，从而提高作物种植制度的可持续性。

迄今为止，有机氮肥对作物产量和氮利用效率影响的研究结论并不一致。部分学者认为施用有机氮肥能够提升作物的氮利用效率。15 年长期定位试验研究表明，有机氮肥处理的小麦（*Triticum aestivum*）和玉米，其氮利用效率不低于各无机氮肥处理下的平均最高利用率。相比施用无机氮肥，长期施用有机氮肥能促进饲料高粱产量增加 56%～70%，相似的结论也被武晓森等证实。

一部分学者认为有机氮肥和无机氮肥对于提升作物氮利用效率的作用并不明显。对黑麦草分别添加无机氮肥和有机氮肥后，试验结果表明两种施氮类型下作物的氮利用效率基本持平。另有一部分学者认为无机氮肥对作物氮利用效率的提升更为显著，对 2 处研究位点开展 3 年短期试验表明，尿素处理下的甜菜（*Beta vulgaris*）氮利用效率高于牛粪处理。而对春大麦进行 ^{15}N 同位素施肥发现，无机氮肥处理的籽粒和秸秆 ^{15}N 回收率为 40%，有机氮肥处理的 ^{15}N 回收率仅为 15%，这说明有机氮肥的氮利用效率远低于无机氮肥。

Birkhofer 等的研究亦表明，长期施用堆肥（有机氮肥）的作物产量比施

用无机氮肥的低 23%。有机氮肥导致的氮利用效率偏低，合理的解释是无机氮肥能够迅速释放养分并及时满足作物生长需要，而有机氮肥中矿化速率相对缓慢，无法及时为作物供应养分。

相关研究表明，有机氮肥中含有的可矿化氮在施肥后第 1 年的运转比例为 40%～50%，第 2 年为 10%～20%，第 3 年为 5%。有机氮肥的矿化速率制约着作物对有机氮肥的吸收利用，而矿化速率与土壤性质、作物品种、试验年限和肥料质量等因素有关。

鉴于无机氮肥和有机氮肥不同的氮供应特点，有机氮和无机氮肥配施的方式被运用到农业生产中。大量研究表明，有机氮、无机氮肥配施具有协同效应，有机氮、无机氮肥配施能获得更多的产量。亦有研究证明，有机氮、无机氮肥配施不仅能够降低氮损失，还能同步土壤释放氮素和植物吸收氮素的速度，促使氮肥利用效率提高。Takahashi 和 Chivenge 等的研究表明，与单施有机氮肥或者无机氮肥相比，有机氮、无机氮肥配施能提高玉米的产量，但降低了作物对氮的利用效率。Kramer 等应用 ^{15}N 标记方法研究了无机氮、有机氮肥配施条件下速效氮的释放动态，结果表明，单施有机氮肥处理下的速效氮释放时间延迟，但使土壤具有稳定的氮供应能力，无机有机氮肥配施有助于协同土壤氮供应与作物氮吸收，从而减少氮损失。

3.2.5 施氮量和施氮类型对土壤氮和碳的影响

1. 施氮量对土壤铵态氮和硝态氮的影响

① 施氮影响土壤矿质氮含量。土壤矿质氮主要包括铵态氮（NH_4^+-N）和硝态氮（NO_3^--N）。通过研究不同施氮水平（0～90 千克 / 公顷）对中国北方玉米土壤铵态氮和硝态氮含量的影响，土壤铵态氮和硝态氮的积累量随施氮量增加而显著增加。对青藏高原地区垂穗披碱草（*Elymus nutans*）施加 0～60 千克 / 公顷的氮肥（硝酸铵），土壤铵态氮和硝态氮积累量也显著提高。对黄土高原南部旱地玉米的研究表明，施氮能够提高土壤硝态氮的含量，但铵态氮含量并不受施氮量的影响。同样的结果还出现在对中国东部高丹草施氮（0～360 千克 / 公顷）的研究中，尽管土壤中的硝态氮含量增高，但铵态氮含量无明显变化。铵态氮和硝态氮在土壤中的含量除上述研究中的绝对值变化

之外，还会随着作物生育期和土壤深度的变化而发生改变。对半湿润区农田夏玉米进行研究发现，随着时间的推移，0～100 厘米土层硝态氮含量呈波动式降低，随着土壤深度的增加，硝态氮含量逐渐降低，最高土壤硝态氮含量出现在 0～20 厘米土层，对小麦的研究也有相似结论。

② 施氮量不仅会影响土壤矿质氮含量，也会影响土壤有机碳含量。施氮对土壤有机碳含量的影响受施氮量、施氮类型和监测时长影响，不同条件下的研究结果会有较大的变动。一类研究表明，施氮通过促进氮的固碳作用进而提高土壤的有机碳含量。通过研究连续 27 年施氮（0～336 千克 / 公顷）对无芒雀麦土壤有机碳的影响发现，随着施氮量的增加，0～30 厘米土层的总有机碳含量随之增加，高施氮水平下的土壤有机碳含量增速较之低施氮水平的更高，但在低施氮水平下单位氮肥的增碳回报率高；另一类研究结果表明，施氮后土壤有机碳库总量无显著变化；还有一类研究结果表明，施氮会导致土壤有机碳库净损失。对阿拉斯加的苔原开展连续施氮 20 年的研究结果表明，苔原生态系统的总碳量受施氮影响，出现 2 千克 / 米^2 的降低，相似结论也出现在淋溶土壤类型的研究中。施氮对土壤有机碳含量的影响之所以不能达成一致结论，这与受施氮影响的土壤有机质输入速率和分解强度有关。

2. 施氮类型对土壤铵态氮和硝态氮的影响

① 施适量的氮肥能够促进作物植株的叶面积指数、叶光合势、光合速率、呼吸速率和氨基酸合成速率，进而促进作物地上、地下部分的生物量的构建，来促进作物植株的生长。施适量的氮肥还能够提高作物的产量，主要原因是作物产量的提高幅度会随着施氮量增加呈现报酬递减趋势。这一趋势与作物所处环境中氮的可利用性有关，即氮源匮乏时，少量施氮就可以促进产量明显增长，而氮源充足时，施氮引起的产量增长效应并不显著。此外，施氮能够促进饲草粗蛋白含量的积累从而影响对作物氮利用效率。施氮量会影响在一定条件下土壤矿质氮含量和有机碳含量，不同条件下的影响差异较大。氮类型会通过提高土壤的无机氮含量，土壤无机氮可快速转化为微生物量氮，微生物量氮经过矿化释放出无机态氮来影响土壤的微生物量氮和有机氮含量。

② 施氮类型同样会对土壤铵态氮和硝态氮含量产生影响。研究表明，长期施用无机氮肥能引起硝态氮在根区以下土层的无效积累，甚至可能会引起硝态氮的淋失，而有机氮肥则能够减少土壤硝态氮向根系以下土层的迁移量，进而降低淋失风险。对小麦进行研究发现，施加有机氮肥会改变土壤铵态氮和硝态氮在不同土壤深度（0～15 厘米、15～30 厘米和 30～50 厘米的土层）的分布，有机氮肥还表现出对硝态氮的一定吸附和固持作用，无机、有机氮肥配施会降低土壤硝态氮淋失风险。相似的结论也出现在玉米、紫花苜蓿、小麦、小黑麦等研究中。

③ 施氮类型还会对土壤的微生物量氮和有机氮含量产生影响。施氮会提高土壤的无机氮含量，土壤无机氮可快速转化为微生物量氮，微生物量氮经过矿化释放出无机态氮，构成土壤有效氮的"过渡库"，过渡库对土壤有效氮的循环和供应具有调节作用，从而影响氮肥的利用率。施用无机氮肥对土壤微生物量氮具有影响，但不同研究区域的结论并不一致。Sarathchandra 等对新西兰多年生草地进行研究发现，施氮降低了微生物量氮，而 Johnson 等对苏格兰山地草地进行研究发现，连续 2 年施氮并没有改变土壤的微生物量氮含量。施用无机氮肥对土壤有机氮含量的影响，在不同研究区域得出的研究结论同样不一致。Johnson 等对苏格兰山地草地进行研究后发现，连续 2 年施入无机氮肥并没有改变土壤有机氮含量，而 Sarathchandra 等对新西兰多年生草地进行研究发现，施入无机氮肥降低了土壤有机氮含量。

④ 施氮类型会对土壤的微生物量碳和有机碳含量产生影响。Zhang 等对干热河谷区的草地进行研究发现，连续 2 年施无机氮肥有助于土壤微生物量碳的提高。而在一项长期定位施肥试验研究中，相对不施氮处理，适量施用有机氮肥后和无机氮肥都能提高土壤碳储量和活性碳含量，且施用有机氮肥能够让土壤碳储量和活性炭含量幅度更大。也有研究表明，有机、无机氮肥配施不仅可增加土壤有机碳总量，还能增加土壤中活性有机碳的含量。对比研究不同农业生态系统发现，维持高有机氮肥输入量的土壤系统中，活性炭库明显大于单施无机氮肥的土壤系统，且由于微生物活性的增强，前者氮供应能力明显增强。但是在有机无机氮肥配施条件下不同土壤碳源如何控制土壤氮转化及其对土壤氮"过渡库"的影响，还有待进一步研究。

3.3　饲草栽培在磷利用效率方面的研究

磷是作物所必需的三大营养元素之一，磷素参与 ATP 等的能量代谢，它是膜脂与核苷酸的重要组成部分，在正常水分条件下，磷素对作物的生长发育、光合作用等生理过程具有显著作用。

土壤中存在 2 种磷：无机磷和有机磷。其中，有机磷占总磷的 20%～80%，植物能利用的磷是无机磷。磷肥施入土壤后，大部分累积在土壤剖面中，磷肥的当季利用率一般只有 10%～25%，而 75%～90% 的磷肥以不同形态的磷酸盐积累在土壤剖面中，长期施用低量的磷肥可保持耕层土壤各形态磷素的平衡，进入土壤中的磷肥数量和时间各异，影响土壤磷素的转化、运输、损失和植物的吸收、利用。有研究表明，旱地施用磷肥由于满足了作物生产过程对营养元素的需求，因而具有明显的增产效果。土壤中磷的矿化随干、湿交替显著降低，而不是随温度和矿化时间而变化，不同作物的轮作主要影响土壤中各种形态无机磷及不稳定态的有机磷的变化。

间作种间增大磷利用效率的作用已得到证实：一些作物具有较高的磷酸酶活性，对土壤中的有机磷利用能力较强，如果 2 种作物种植一起时，有机磷利用能力强的作物可减少对另一种作物无机磷的竞争，种间竞争作用减小。

磷利用效率受磷的施用量，土壤磷素的转化、运输、损失和植物的吸收以及其利用的影响，此外，牧草或作物对磷肥的吸收利用还受土壤的温度以及其湿度的影响。同时，2 种或多种作物之间的相互竞争也是影响磷利用效率的因素之一。

3.4　饲草栽培在气候要素方面的研究

气候主要包括光、热、水、气等气候要素。太阳辐射带来光和热，是植物生命活动的主要能源，降水量、土壤有效水分存储量以及可能蒸散量是植物生长的重要条件，空气中二氧化碳含量的变化是作物光合作用强弱的重要因素。牧草生长主要受限于水、养分、热、光照等气候因子的影响。上文已经对水和养分因子与植物相关性进行了阐述，下面将从温度和光照 2 个方面展开解读。

3.4.1 温度

温度作为比较活跃的气候因子，它制约着蒸发、降水、空气湿度、空气流动等其他生态因子。在草地的形成和演替过程中发挥着重要的作用。生长期内的温度水平能影响牧草的生长发育，制约着牧草的地理分布。植物发育期到来的时间与一定的温度累计值有关，苏联学者在研究了热量因子对谷类等作物的生长和发育的影响后，于1928年提出"植物某个发育期的到来主要决定于温度，在这里其他因子的影响是很小的"。经过多年的研究以后普遍认为在其他条件基本满足的前提下，温度对发育起主导作用。

在高山地区，海拔每升高100米，气温就下降0.57~0.61℃。随着高度的增加，月平均气温降低，昼、夜温度变化幅度增大，夜间霜冻时常发生。生长于这种低温逆境下，高山植物的光合作用发展了适应低温的特点。Schulze等观测到，分布于4 200米高山的（*Lobelia keniensis*）叶片在夜间 −5℃下结冰，白天太阳一出，这种莲座状植物外层叶温便升到冰点以上，二氧化碳同化能力和气孔导度即刻恢复正常。研究发现高原粳稻原产地的海拔越高，光合作用最适的温度就越低。生长期间的温度直接影响了光合速率，在较低温度下生长，有利于高海拔植物光合能力提高。高山植物之所以能在较低温度，有时甚至冰点温度下进行光合作用是因为它们发展了抵御低温的机制。高山植物的非结构性碳水化合物，特别是可溶性糖含量高，这促使冰点降低，保护光合膜系统免遭低温损伤。有些高山植物有过冷（supercooling）现象，即细胞内缺少核聚物质或植物本身产生某种抗核聚化学物质，阻止细胞中冰核形成，因此，在 −20℃下仍能存活，几乎完全能够避免膜离子泵的失活。此外，高山植物的发达根系及低温下较强的吸收水分和无机盐的能力也为低温下光合作用的进行提供了物质基础。

3.4.2 光照

光照是植物生长的基本条件之一，充足的光照保证植物光合作用的正常进行，对植物的生长与植物形态的形成起着关键的作用。植物的光合作用是易受环境影响的重要生理过程，不同生态环境中的植物光合特性因生态条件而异。海拔是影响光照的重要因子，海拔与太阳总辐射、直接辐射、紫外辐射呈正相关。高海拔地区（包括高原和高山）的植物由于长期受强日照辐射、低气压、低温的影响形成了一整套生理适应机制，植物的光合作用与低海拔地区的植物不同。高山地区日辐射强，光谱中蓝光、紫外光和红光的成分较平原地区高。Mooney 等报透过高山型肾叶山蓼（*oxyriadlgyna*）的光饱和点较极地型的高。同一种植物在高海拔地区种植，其光饱和点与光补偿点比在较低海拔种植的高。

植物在经过强辐射的长期适应后具有典型阳生叶的结构特点，叶片栅栏组织发达，细胞内叶绿体小，数量多，因而光合膜的面积增加，有利于合成更多的光合产物。Mooney 等用高山唐松草和肾叶山蓼的研究结果表明，强辐射下植物叶片具有相对低的叶绿素含量及对光的强反射性。对生长于不同海拔的高山植物矮蒿草的测定结果表明，随着海拔升高，植物叶片中总叶绿素含量减少。高山植物叶绿素含量较低，这可减少叶片对光的吸收，使植物免遭强辐射的损伤。贾桂英等对不同海拔的多种植物测定结果表明，随着海拔的升高，类胡萝卜素含量显著增加。类胡萝卜素除了把捕获的光能传递给叶绿素，用于光合作用外，又是在强光下能防止叶绿素光氧化作用的色素。受强辐射的作用，高海拔植物还发展了另一类色素——花色素。类胡萝卜素和花色素均能强烈地吸收紫外辐射，因而起着防护滤器的作用，使叶绿素、叶绿体及细胞免受紫外辐射的危害。

牧草生长主要受限于水、养分、热、光照等气候因子的影响，这些因子均为牧草生长的气候要素，此外，气候因子间还会相互产生影响，从而在整体制约着牧草的生长。

第 4 章

西藏牧草种植的发展历史、现状

4.1 西藏牧草种植业的发展历史和优势

4.1.1 牧草种植业的发展历史

人类利用草的历史非常悠久。草原为人类祖先提供了生存和繁衍的良好环境，是其居住、取食、防寒、御敌的基本场所。联合国粮农组织（FAO）发布的《粮食及农业状况 2009》报告中指出：放牧面积占地球无冰地表面积的 26%，畜牧业对全球农业总产值的贡献为 40%，并维持着约 10 亿人的生计和粮食安全。在长期的生产实践中，人类通过草食家畜，把人类不能直接利用的草本植物转化成人类可以直接利用的肉、奶、皮、毛等畜产品，从而扩大了食物来源和收入渠道，改变着人类的食物结构和营养状况，提高了物质生活水平，增强了体质。在全球，畜牧业提供了 15% 的总食物热能和 25% 的膳食蛋白。

约 1 万年前，中华民族的祖先开始驯养山羊、绵羊、马、牛等食草动物。而在距今四五千年前的新石器时代，我国草原上就出现了游牧畜牧业。自改革开放以来，我国的畜牧业迅猛发展，保持着产值年均 10% 的增长，取得了十分喜人的成果。中国畜牧业总产值已由 1978 年的 209.3 亿元上升为 2016 年的 27 189.4 亿元，畜牧业产值占农业总产值的比重由 1978 年的 14.98% 上升为 2012 年的 30.4%，1980—2007 年，中国的肉类产量增长了 6 倍，肉类产量占发展中国家的 50%，占世界总产量的 31%，蛋类产量增长了近 10 倍，占世界总产量的 44.4%。畜牧业现在已经成为我国农业和农村经济的支柱产业。

然而，在辉煌的背后也出现了许多随之而来的问题亟待解决。据统计，2012年年底，全国大牲畜（牛、羊、马、驴、骡、骆驼）养殖量达 40 395.9 万头，这个数字是 1980 年的 4 倍多；猪存栏量达到 47 592 万头，增长近 50%。但这给饲料供应带来了巨大挑战：传统的畜牧业养殖手段遭遇了巨大的瓶颈，放养模式会造成天然草地的严重破坏和退化，传统的圈养又面临着饲料来源的严重不足，甚至会造成人畜争粮。为此，我国及时提出了进行必要的种植业结构调整，即大力发展粮食作物—经济作物—牧草与饲料作物的三元种植结构。通过种草养畜，退耕还草，在保证生态环境的前提下寻求畜牧业发展的新道路。

4.1.2 牧草种植业的发展优势

畜牧业使用的饲料主要来源有 3 个方面：天然草地、人工种植或者半人工种植的饲草地和一些农林渔业的副产品。随着畜牧业的不断发展，饲草需求量的日益增加，天然草地和农林渔业副产饲料的供应已经捉襟见肘，人工种植牧草才是解决畜牧业饲料问题的最为可行的方法。据统计，全世界 60%以上的畜牧产品，都是由人工牧草转化而来的。同时人工种植牧草还具有许多自身独有的优势。

1. 人工牧草具有生长迅速、生物量积累快的特点

国外的研究表明，在森林草原带播种的饲草地和放牧地，其产草量比之天然草地可以提高 7～8 倍；草原地带，灌溉条件下产草量可以提高 7～8倍；荒漠地区播种蒿属植物、灌木等，在非灌溉条件下也可提高产量 1～3倍。在我国牧区自然条件较差的现状下，栽培牧草比天然草地草地产草量一般可以高出 3～5 倍，个别地区甚至可以达到 10 倍以上。例如，华北农牧交错带的河北坝上地区，通过建立披碱草、老芒麦和紫花苜蓿混播草地，干草产量可以达到 4 500 千克 / 公顷，比之天然草地可提高 5 倍以上；而如果建立优质高产饲料作物基地种植青饲玉米，地上干物质产量更可达到 50 000 千克 /公顷。

2. 人工牧草质量提高

由于人工种植的可控性高，可以根据牲畜的生长需要种植相应的营养物质含量较高、品质较好的牧草品种，如紫花苜蓿、草木樨、沙打旺、羊草、披碱草等，这些人工种植品种一般都要比天然牧草营养价值高，适口性更好。有科学研究证明，优质紫花苜蓿所产干物质中粗蛋白含量可达 20%，高出一般天然牧草 6%。

3. 种植人工牧草改善土壤环境，增加土壤肥力

这方面最为标志性的例子就是豆科牧草的生物固氮作用。以苜蓿为例，每年苜蓿可以固氮的量可以达到 200～300 千克/公顷，一些接种了优良根瘤菌的品种还可在此基础上提高 30%～102%，直接增产 15%～30%。虽然这些固定的氮有一大部分累积在植株体内随刈割带走，但仍然有一部分会和根系有机物一起留在土壤之中。经过数年的生长积累，这些氮素就可以使土壤的结构和肥力得到极大的改善。

4. 人工牧草是农业可持续发展的纽带

这里的农业是指广义的农业，包括农、林、牧、副、渔等多种产业。所以要树立大农业的观念就是既要满足粮食作物的稳定增产，同时还要增加肉蛋奶等畜产品的供给。而实现这一目标就是要实现土地资源的可持续利用。在当代中国，为满足农业产量要求而实行的最多的手段就是加大各种化学肥料的使用量——中国早已成为世界上化肥施用量最大的国家。虽然这种做法保证了我国粮食产量的逐年递增，却也导致了我国拥有了世界上最为严重的土地退化的现状。而种植牧草作物，调整农业产业结构，不失为当前一种可行的解决之道。

5. 在气候和土地资源的利用上，人工牧草可以填补传统农业作物的空缺

我国幅员辽阔，存在着大量的两季不足、一季有余或三季不足、两季有余的地区，传统的农业作物种植很难覆盖整个土地利用周期，从而造成了气候和土地资源的浪费。而牧草的生长季一般持续较长，对环境条件要求

不高，通过填闲种植的方式，完全可以对传统农业种植进行查缺补漏。例如，广东省利用冬闲稻田种植多花黑麦草，可产优质牧草 7.5 吨 / 公顷；利用林果地种植柱花草，可产干草 10～15 吨 / 公顷。这些饲草有效地支撑了广东的畜牧业发展。四川利用冬闲田种植光叶紫花苕子，产草量达到 37.5～52.5 吨 / 公顷，再通过这些饲草发展养殖业，成为当地提高农业经济效益的重要手段。

6. 牧草种植是解决诸多农业问题的有效方法之一

草地农业是土—草—畜三位一体或者前植物生产层—植物生产层—动物生产层—外生物生产层多层结合的整体农业，从太阳能到植物生产、动物生产、产品加工的物质再生产过程，生产流程很长，转化环节很多，要使整个系统持久、高效地运行，就要通过系统各因子在时、空、种多维优化以及系统耦合的基础上，使各层次乃至整个系统及其与外界的物质转化和能量流动疏理畅通、高效有序，如通过轮复套种、立体种养、种养加结合、资源综合利用等措施，使物质、能量流转取向合理，减少流程中的阻滞、中断和浪费，从而提高整个系统的物能转化力和生态生产力。通过草田轮作，将牧草引入农田系统，可增强农田系统自身的弹性，增加稳定性，在保证食物安全生产的前提下，土地生产水平可提高 20%～100%。研究表明，我国西部地区人工草地介入生产系统，可以把日光能利用率提高 30%，提高土地利用率和劳动生产率 1 倍以上，提高水分利用率 17%～30%。

7. 发展饲草地农业也是解决缺粮问题的良方

轮作的草地也是粮食产量的调节器，粮食盈余时，多种牧草；粮食亏缺时，将草地改为粮田，1 年之内就能产出粮食，实现"藏粮于草"。除了有大量的天然草原外，发达国家还有 30%～40% 的农田种草。它们创造的产值相当或高于农作物、草食家畜产值所占农业总产值的比重都在 50% 以上，甚至高达 90%，生产 1 吨牛羊肉等于生产 8 吨粮食。西欧牧草生产水平达到每公顷生产干物质 10～12 吨，美国以首蓿为主体的干草产值在所有农产品中仅次于玉米，居第 2 位。辽宁省试验结果表明，在同等地力和管理条件下，种植

紫花苜蓿平均收干草 7.5 吨 / 公顷以上，比种植玉米多收入 750～1 500 元，种植 2～3 年豆科牧草后土壤含氮量增加 20%～30%。大力发展农区草地农业，对于解决"三农"问题，保护生态环境，实现可持续发展，有着重要的战略意义。

4.2　西藏天然草地的利用现状

4.2.1　气候条件影响草地类型

西藏平均海拔在 4 000 米以上，是青藏高原的主体。我国著名的江河，如长江、澜沧江、怒江、雅鲁藏布江等都流经西藏，其中，怒江、雅鲁藏布江就发源于西藏。高原奇特多样的地形、地貌和高空空气环流以及天气系统的影响，形成了西藏全区复杂多样的独特气候，总体来说，西藏属于高原大陆季风气候，在水平分带上，西藏气候具有西北严寒、东南温暖湿润的特点，并呈现出由东南向西北的带状更替：亚热带—温暖带—温带—亚寒带—寒带；湿润—半湿润—半干旱—干旱；热带山地季风湿润气候—亚热带山地季风湿润气候—高原温带季风半湿润、半干旱气候—高原亚寒带季风半湿润、半干旱和干旱气候—高原寒带季风干旱气候等各种气候类型。这些气候类型反映在植被上，依次为森林—灌木丛—草甸—草原—荒漠。除呈现西北严寒干燥、东南温暖湿润的水平趋向外，受地形和海拔高程的影响，还有多种多样到的区域气候和明显的垂直气候带。西藏拥有的草地类型种类为全国各省、自治区、市之首。全国首次统一草地资源调查，将中国草地划分为温性草原、高寒草原等 18 个草地类型，西藏占有 17 个草地类型，只有干热稀树灌草丛类型在西藏未出现。

4.2.2　天然草地的基本概况

西藏拥有 3 500 万公顷的天然草地可利用面积，其中的 77.6% 得到了利用。可利用草原面积是农耕地 338.88 万亩的 243.45 倍，是有林地面积 12 677.1 万亩的 6.51 倍。全区天然草原年总储鲜草量 5 742 万吨，折合干草

1 822 万吨，载畜能力约 2 133 万羊单位，草原是一个巨大的天然饲草储备库和畜牧业生产基地。然而西藏草地在自然条件下产量普遍低，各地（市）产草量差异十分明显。水热条件最好的藏东南——昌都地区产草量最高，自藏东南向藏西北，雨量逐渐减少，干旱程度逐渐加重，至西部最干旱的阿里地区草地产草量最低。西藏具有独特的高原气候，大部分地区光照充足，年平均日照时数为 550～3 900 小时；气温低，藏北高原平均年气温为 –2℃，藏南谷地为 8℃左右，藏东南地区为 10℃左右，温度年变化小而日变化大；全区各地降水分配不均，每年 4—9 月为雨季，10 月到翌年 3 月为干季，多夜雨，干湿季分明，且干季多大风；无霜期一般为 120～140 天，藏北地区无明显的无霜期，甚至植物生长旺盛的 7—8 月也几乎每夜出现负温和霜冻。此外，多种多样的区域气候和明显的垂直气候带，形成了极为复杂多样的植物生态环境。

4.2.3　天然草地退化严重

　　西藏的天然草地的生态系统是西藏最大的生态系统，近些年西藏的天然草地退化较为严重，而导致天然草地退化严重的原因是多样的。广大牧民落后的思想观念（如牧民们在一定程度上存在着惜杀、惜售的宗教思想和牲畜越多越富的传统观念），严重阻碍了科学技术在草地畜牧业中的推广应用，从而导致畜群结构配置不合理，畜群周转缓慢，出栏率低，草地生产力多用于牲畜个体维持和半维持，尤其对冬季草场的压力极大，各地区各类草地普遍存在季草场的严重超载过牧现象，再加上冬季草场本身脆弱的生态特性，加速了天然草地的退化进程。西藏的广大群众缺乏煤炭、天然气等生活用燃料，除捡拾有限的家畜粪便外，大量的生活用燃料只能取之于天然草地上最具保持水土能力的各种灌木、草根。据在日喀则某些河谷的调查，平均每人每年樵采约 1 200 千克的沙生槐灌丛，严重减弱了天然草地的抵御风沙的能力。调查研究表明，西藏共有沙漠化草地 1 990 万公顷，仅藏北地区的草地沙漠化面积就达 1 000 万公顷，其中，轻度、中度、严重沙漠化草地面积分别达 342 万公顷、651 万公顷和 10 万公顷；藏东南地区草地沙化面积达 280 万公顷；西藏中部地区，天然草地土壤风蚀虽以轻、中度为主，但影响范围广、潜在危险高。

1. 草地沙漠化加剧，极易造成水土流失

草地土壤已成为西藏水土流失较为严重的土壤类型，冻蚀和水蚀是草地水土流失的主要类型。冻蚀常与风蚀结合，主要集中在海拔 4 000 米以上的高山草甸，冻蚀面积占西藏草地水土流失总面积的 60% 以上；水蚀主要集中在"一江两河"地区，1999 年，雅鲁藏布江中游地区水蚀面积达 379 万千米^2，占该区域面积的 52.56%。拉萨河在 20 世纪 80 年代的输沙量为 100.1 万吨，20 世纪 90 年代为 180 万吨，增加了 79.8%。说明该地区水土流失十分严重，并有持续恶化的趋势。

2. 土壤物理退化引起土壤化学退化

西藏土壤有机质含量平均为 4.56%，而草地土壤有机质含量仅为 2%～3%，且退化明显，近 10 年来，全氮、全磷分别下降 21%～40%、20%～39%，土壤养分含量急剧降低，造成草地贫瘠化，产草量逐年减少，亦负反馈于土壤物理退化。

3. 普遍存在盐渍化和次生盐渍化的现象

高寒草甸草地土壤盐渍化面积占盐渍化草地总面积的 70%，藏北高寒草原一直是西藏受盐渍化危害最严重的区域，拉萨河流于局部地带盐结皮含盐量高达 11.5%。土壤物理和化学性状是土壤微生物生存繁衍的重要环境。在有机质含量极低的土壤中，蚯蚓等土壤动物几乎不能存活。退化土壤中微生物数量亦明显减少，高寒草地中，轻度退化的草地其微生物含量为 3 040.43 克 / 米^2，中度退化为 1 867.53 克 / 米^2，重度退化为 602.97 克 / 米^2。

4. 草丛低矮稀疏，产草量极低，杂草发生率持续增加

原来青藏高原草甸以嵩草属植物为建群种或优势种的植被已经被棘豆属、铁棒槌等毒杂草不同程度地取代，草地植被盖度平均只有 46%，优良牧草比例仅为 25%，毒杂草比例高达 75%。产草量只及为退化草地的 14.2%，毒草生长力旺盛，蔓延势头迅猛，在与牧草竞争土壤养分时占绝对优势。

4.2.4　天然草地的载畜量

近 40 年来，西藏的畜牧业经历了一个前所未有的高速发展时期。据统计，2010 年西藏的畜牧业总产值已经达到近 49 亿元，这是 1970 年的 25 倍。尤其是在 20 世纪 90 年代之后，西藏畜牧业总产值基本保持了 20 多年持续增长的势头（1992 年略微下降），年均增长近 5%，2005 年之后年均增长超过 10%。2010 年大牲畜年末存栏量达到 706 万头，猪存栏量 36 万头，羊 1 579 万头，均创下历史新高。然而支撑这一系列华丽数据的是西藏天然草地资源的逐年退化。据统计，近年来，全区已有近 30% 的草地出现了严重退化，草地植被盖度下降了近 80%，草原鼠虫害严重，毒草滋生，各类草地较 20 世纪 60 年代牧草产量下降 30%～50%，严重地区达 60%～80%，并且退化草地面积仍以每年 3%～5% 的速度在扩大；再者全区饲草料来源匮乏、时空分布不均衡，农区的农副产品有限根本无法满足牲畜的需要，致使草地载畜量严重超载，超载率达 28.8%，超载数量达 780 万羊单位。据相关研究显示，西藏大部分县天然草地牲畜处于超载状态。其中，部分县超载率达 100% 以上，以林芝地区为代表的西藏东南部地区天然草地的牲畜超载率为 7%～10%，加入一定量的补饲后尚可达到平衡，而那曲、阿里等藏北地区的天然草地大多已超载严重，不堪重负。

西藏那曲地区在 2003—2004 年平均最大载畜量达 877×10^4 只，载畜能力最高；其次是昌都地区，2 年平均最大载畜量为 674×10^4 只；日喀则地区和阿里地区分别为 341×10^4 只和 273×10^4 只；拉萨市、林芝和山南地区为 455×10^4 只、178×10^4 只、170×10^4 只，载畜能力最低。从实际情况来看，西藏各地 2 年牲畜量为（190～1 530）×10^4 只，差异很大。那曲地区实际牲畜量最高，达 1 525×10^4 只；其次是昌都和日喀则地区，分别为 1 063×10^4 只、1 015×10^4 只；拉萨地区、山南地区和阿里地区实际牲畜量为 455×10^4 只、429×10^4 只、399×10^4 只；林芝地区为 196×10^4 只，牲畜量最少。各地实际牲畜量与天然草地以及补饲后的牲畜最大承载能力的排序基本一致。从实际牲畜量与当地天然草地以及补饲后的最大载畜量相比结果来看，西藏除林芝地区超载不足 10% 外，其余地区牲畜超载率为 45%～153%。西藏在 2003—

2004 年的天然草地载畜量的具体情况，见表 4-1 所列。

表 4-1　2003—2004 年西藏天然草地载畜量概况

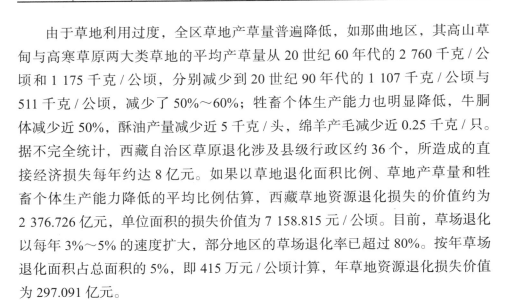

地区	可载畜量 /10^4 只羊		实际牲畜量 /10^4 只羊	牲畜超载量 /10^4 只羊		牲畜超载率 /%	
	天然草地（2003 年）	天然草地（2004 年）		天然草地（2003 年）	天然草地（2004 年）	天然草地（2003 年）	天然草地（2004 年）
昌都地区	673.7	702.5	1 063	389.3	360.5	57.8	51.3
林芝地区	178.4	193.5	196	17.6	2.5	9.9	1.3
那曲地区	877.2	885.3	1 525	647.8	639.7	73.8	72.3
拉萨地区	170.6	211.5	455	284.4	243.5	166.7	115.1
山南地区	170.3	197.1	429	258.7	231.9	152	117.6
阿里地区	272.6	274.3	399	126.4	124.5	46.4	45.5
日喀则地区	341.3	401.2	1 015	673.7	613.8	197.4	153
全自治区	2 684.1	2 865.4	5 085	2 400.9	2 219.6	89.4	77.5

　　由于草地利用过度，全区草地产草量普遍降低，如那曲地区，其高山草甸与高寒草原两大类草地的平均产草量从 20 世纪 60 年代的 2 760 千克 / 公顷和 1 175 千克 / 公顷，分别减少到 20 世纪 90 年代的 1 107 千克 / 公顷与 511 千克 / 公顷，减少了 50%～60%；牲畜个体生产能力也明显降低，牛胴体减少近 50%，酥油产量减少近 5 千克 / 头，绵羊产毛减少近 0.25 千克 / 只。据不完全统计，西藏自治区草原退化涉及县级行政区约 36 个，所造成的直接经济损失每年约达 8 亿元。如果以草地退化面积比例、草地产草量和牲畜个体生产能力降低的平均比例估算，西藏草地资源退化损失的价值约为 2 376.726 亿元，单位面积的损失价值为 7 158.815 元 / 公顷。目前，草场退化以每年 3%～5% 的速度扩大，部分地区的草场退化率已超过 80%。按年草场退化面积占总面积的 5%，即 415 万元 / 公顷计算，年草地资源退化损失价值为 297.091 亿元。

　　西藏地区从热带、亚热带的次生草地到温带地带性草原，直至高寒草原，从湿润的沼泽、沼泽化草甸到干旱的荒漠，各种草地类型丰富多彩，可以说西藏草地是我国草地类型的缩影，如此众多的草地类型是我国重要的绿色基因库和可贵的景观资源，为草业和草业科技发展提供了极为广阔的空间和舞台。从整个西藏自治区来看，牲畜的饲养主要靠天然草地，拉萨市、日喀则、山南、林芝和昌都地区虽有来自农业和林业等其他补饲，但从天然草地的载畜能力来看，其补饲的承载能力很低。

4.3　西藏人工牧草的种植现状

4.3.1　人工牧草种植的现实需要

作为解决上文诸多问题的关键所在，西藏的人工牧草种植正在受到越来越多的关注和重视。自 1980 年以来，西藏自治区以人工种草为主要内容的草原建设发展迅速。据统计，2009 年西藏全区农作播种总面积达 23.5 万公顷，生产农副产品（谷物秸秆等 127.5 万吨，青饲草 27.1 万吨折合干草 8.5 万吨），两项合计可为牲畜提供 136 万吨饲草料需求。这在一定程度上增加了牲畜饲草的来源，提高了抗灾保畜的能力，但超载的 780 万羊单位每年需要饲草料 512.46 万吨，草畜矛盾依然十分严重。针对目前的情况要保证西藏草畜平衡和谐发展，每年至少还需解决 376.46 万吨的饲草料。这一部分只能通过人工牧草种植来解决。

4.3.2　人工牧草种植面临的困难

1. 牧草种植环境恶劣

西藏畜牧业大部分集中于海拔 4 500 米以上的区域，恶劣的环境条件导致天然草地的草业生产具有持续的脆弱性，牧草生长期仅 3～5 个月，枯草期长达 7～9 个月。夏、秋季节雨热同季牧草生长旺盛，冬春季节风大、寒冷牧草调零，饲草饲料资源极其匮乏，牧民不得不赶着牲畜在几乎没草的草地上过度放牧，造成草地的退化、沙化，致使草地生产力下降，牲畜无足够的草越冬最终大量死亡。同样地，在这样的恶劣条件下，如何保证人工牧草种植的产量和效率，也是一个亟待解决的难题。

2. 农牧民种植牧草的积极性不高

在西藏，农牧民种植粮食作物不仅可以得到政府的补贴，在保证最低产出收益的同时作物秸秆或小麦精粮均可用于补饲，而种植饲草则要承受丧失最低保证收入所带来的风险，因而广大老百姓种植牧草的积极性不高。

3. 人畜争地的现象随着人口的增长日趋严重

1951—2014 年，西藏人口从 114 万增加到 317.55 万人，增长了 2.5 倍。为解决人口数量增长所引起的粮食问题，在粮食单产难以大幅度提高的条件下只能依靠扩大生产规模来保证粮食总产，1951—2014 年，全自治区耕地面积由 16.33 万公顷扩大到 23.34 万公顷，六十几年耕地面积扩大了 70 100 公顷，但人均耕地从 0.143 公顷下降至 0.074 公顷，具有开垦价值的荒滩荒坡已基本被开发完毕，可供牧草生产的土地少之又少。虽然这些年实施了退耕还林还草，一些不适宜耕作的坡地、旱地被用来种草，但是面积相对较小，无法满足目前的牧草生产需要。

4. 西藏当地牧草相关科研力量不足影响牧草产业发展

总体上看，西藏草原科技还较为落后，对草业发展的支撑能力较弱。一是科研经费不足。尽管多年来国家对西藏草原建设投入了大量资金，先后实施了牧区开发示范工程、牲畜温饱工程、天然草地植被恢复工程等多项重大项目，但资助经费较少且不稳，重要的基础研究和重大关键技术研究难以开展，以"十一五"国家科技支撑计划为例，有关草地畜牧业的项目获得国家支持 2 214 万元，但项目实施的地域范围广、研究任务多、推广培训工作重，难以有效地发展技术集成和创新和应用推广。同时项目实施期短可能造成项目结束后技术带动能力减弱。二是科技创新能力薄弱。西藏草业科研教学单位少，缺乏有效的激励机制，高层次的科研人员数量不足，高级创新人才匮乏，科技研究不系统，重大科研成果水平低，数量少，有限的成果也缺乏整合和转化。目前，在西藏，从事牧草相关研究的单位主要是以中科院为代表

的内地科研机构，西藏本地进行牧草科研的只有西藏农牧科学院和西藏大学农牧学院。牧草科研力量的不足导致了相关成果的深化和继承出现断层，许多成果难以形成体系来有效支撑西藏牧草产业的发展。据测算，2009 年全区农业科技进步贡献率仅为 38%，考虑到对种植业生产的巨大扶持，畜牧业的科技贡献率相当低。

5. 科研力量的不足导致牧草种植标准的缺乏

西藏地广人稀，气候环境条件多变，各地的农牧民在种植牧草作物时通常都是根据自身的经验和长久以来的习惯，很少有经过科学的规划和安排。这样就形成了各地种植标准不一，为整个牧草产业的推广和发展造成了极大的阻碍。

6. 西藏牧草种植的品种单一

目前，在西藏提到人工种草草种选择就是燕麦或燕麦与箭筈豌豆的混播。这主要是因为燕麦在全区都能种植，种植技术相对简单而且当年就能见到种植效益。而豆科和禾本科多年生牧草由于第一年长势较慢，两年甚至两年后才能见到效益，种植及养护管理有一定的技术难度并且费工费力，进行多年生牧草的种植存在较大的阻力。在牧草生产过程中不管政府部门、科技工作者还是老百姓都首选燕麦，多年生牧草的产业化生产受到严重制约，导致了目前大量农耕地冷季裸露，耕地表土层被风沙带走。

7. 牧草产业发展产业链不完善

西藏饲草加工市场化程度太低，仅仅靠地区的草原工作机构临时性生产公益性抗灾饲料，全自治区几乎没有一家规模化的饲草料生产企业，这种现象导致牧草产业科技成果与产业化相脱节。

综上所述，从西藏过去 20 余年牧业外延扩张的过程来看，普遍存在对牧草资源的可再生性认识不足、深度开发利用不够等问题，致使畜牧业发展经济效益低下。在草资源的利用上，忽视草地的可再生性和生态作用，无限制扩大对天然草场自然生产能力的利用，造成草原的沙化、退化，生产能力下降，使人口、草资源、畜牧三大可再生资源与牧草地资源的配置严重失衡，人草矛盾日益尖锐。在经营方针上，一直没有形成草产业、饲料产业的观念，只重视人的发展和畜牧的可再生性，而忽视草的可再生性与天然草场自身的开发利用潜力。在天然草场饲草生产能力逐步下降的情况下，就必须通过人力和科学技术措施来满足饲草供给。但在现有的科技水平和资源现状下，仍有一系列的困难和障碍制约着西藏人工牧草种植的推广和发展。

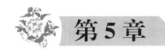

第5章

适宜西藏河谷区的饲草品种

从 1965 年开始，西藏从国外引进了不少牧草品种，在不同生态条件下进行适应性和产量的比较试验。截至 1990 年，已先后引进各种牧草和饲料作物品种 90 多个，通过试种，筛选出适宜西藏不同地区种植的品种有 30 多个。其中，已大面积用于人工草地的品种有草木樨、紫花苜蓿、箭筈豌豆、红豆草、沙打旺、老芒麦、垂穗披碱草、小冠花、羊草以及毛苕等，已为发展畜牧业做出了积极贡献，而且进一步开发利用的潜力很大。

规模化牧草栽培的牧草品种选择是建立在大量的引种试验基础上，通过对引种牧草的生理生物学特征记录观测内容，建立牧草优选指标体系，开发了西藏河谷区优良牧草优选评价系统（图 5-1），并根据河谷地区草业的发展目标，优选出紫花苜蓿 4 个品种，黑麦草 3 个品种，苇状羊茅 1 个品种，披碱草 3 个品种，箭筈豌豆 3 个品种，燕麦 2 个品种，饲用玉米 4 个品种，共20 个优良牧草品种作为规模化栽培参试牧草（表 5-1），在日喀则、山南、拉萨 3 个地区进行规模化栽培，并开展规模化栽培技术的相关研究。

在牧草引种栽培试验研究积累基础上，筛选以紫花苜蓿、黑麦草、披碱草、苇状羊茅、箭筈豌豆、燕麦、饲用玉米等 7 种优良牧草和饲料作物作为西藏优良牧草规模化栽培技术集成与示范的当家品种，分析比较 7 种牧草（饲用作物）在日喀则、拉萨和山南 3 个地区的生长特点和种植制度。

根据对 7 种牧草（饲用作物）在日喀则、拉萨、山南 3 个地区的调查和引种试验分析，不同牧草（饲用作物）在不同地区表现出不同的生长物候特征，见表 5-2、表 5-3、表 5-4 所列。在物种上，禾本科牧草比豆科牧草返青早，并在刈割利用条件下枯黄期比豆科牧草延迟；在地区之间，日喀则地区

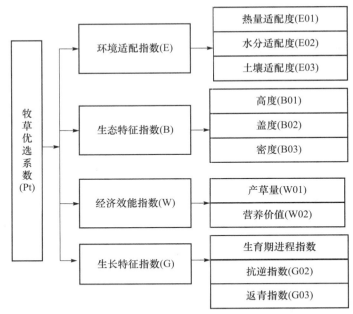

图 5-1 西藏河谷区规模化栽培优良牧草优选指标体系

表 5-1 西藏河谷地区规模化栽培参试优良品种

牧草名称	品种	牧草优选系数（Pt）
紫花苜蓿	阿尔冈金	0.85
	金皇后	0.84
	陇东紫花苜蓿	0.82
	美国苜蓿王	0.83
黑麦草	多年生黑麦草	0.85
	意大利黑麦草	0.80
	一年生黑麦草	0.84
苇状羊茅	Falina 苇状羊茅	0.87
披碱草	垂穗披碱草	0.91
	多叶披碱草	0.90
	短芒披碱草	0.89
箭筈豌豆	春箭筈豌豆	0.94

续表 5-1

牧草名称	品种	牧草优选系数（Pt）
箭筈豌豆	白箭筈豌豆	0.96
	333/A 箭筈豌豆	0.95
燕麦	加拿大燕麦	0.94
	丹麦 444	0.91
饲用玉米	科青 1 号	0.73
	林芝	0.74
	科多 8 号	0.72
	龙辐单 208	0.71

注：牧草优选系数（Pt）＞0.7。

各牧草（饲用作物）返青（播种）比拉萨地区晚 10 天左右，拉萨地区比山南地区晚 10 天左右。

表 5-2　日喀则地区牧草（饲用作物）生长物候期　　　　月／日

牧草名称	返青（出苗）期	分枝（蘖）期	拔节期	孕穗期	现蕾（抽穗）期	开花期	结实期	成熟期	枯黄期	生长天数
紫花苜蓿	5/10	6/10			6/30	7/15	8/30	9/17	9/25	140
黑麦草	5/1	5/25	6/20	7/15	7/25	8/5	8/20	9/5	9/25	150
苇状羊茅	5/5	5/25	6/10	7/15	8/5	8/15	9/5	9/25	9/25	145
披碱草	4/25	5/15	6/15	7/15	7/25	8/5	8/25	9/20	9/30	150
箭筈豌豆	5/20	6/10	6/30		7/15	7/25	8/20	9/20	9/30	140
燕麦	5/20	6/10	6/25	7/15	7/25	8/5	8/15	9/5	9/25	140
饲用玉米	5/25	7/5	7/25	8/20	9/10				9/25	130

注：数据为农户调查和日喀则草原站牧草引种试验数据综合分析后的生育期盛期。

表 5-3　拉萨市牧草（饲用作物）生长物候期　　　　月／日

牧草名称	返青（出苗）期	分枝（蘖）期	拔节期	孕穗期	现蕾（抽穗）期	开花期	结实期	成熟期	枯黄期	生长天数
紫花苜蓿	5/1	6/1			6/20	7/5	8/10	9/15	9/30	150
黑麦草	4/20	5/15	6/10	7/5	7/15	7/25	8/15	9/5	9/30	160
苇状羊茅	4/25	5/20	6/10	6/25	7/10	7/20	8/15	9/10	9/30	155
披碱草	4/20	5/15	6/5	6/25	7/5	7/15	8/10	9/15	9/30	155
箭筈豌豆	5/10	6/5	6/20		7/5	7/15	8/10	9/15	9/30	150
燕麦	5/10	6/1	6/25	7/10	7/20	8/1	8/15	9/5	9/30	150
饲用玉米	5/10	6/20	7/15	8/15	8/30				9/30	140

注：数据为农户调查和中科院生态站牧草引种试验数据综合分析后的生育期盛期。

表 5-4　山南地区牧草（饲用作物）生长物候期　　　　月／日

牧草名称	返青（出苗）期	分技（蘖）期	拔节期	孕穗期	现蕾（抽穗）期	开花期	结实期	成熟期	枯黄期	生长天数
紫花苜蓿	4/20	5/20			6/20	7/5	8/10	9/20	10/10	170
黑麦草	4/10	5/5	6/1	6/20	7/5	7/15	8/5	9/15	10/10	180
苇状羊茅	4/15	5/15	6/5	6/15	6/25	7/15	8/1	8/30	10/10	175
披碱草	4/10	5/10	6/1	6/20	7/1	7/10	7/25	8/25	10/10	180
箭筈豌豆	5/1	6/5	6/20		7/1	7/10	8/5	9/20	10/10	160
燕麦	4/30	5/25	6/10	6/30	7/10	7/15	8/10	9/15	10/10	160

续表 5-4

牧草名称	返青（出苗）期	分技（蘖）期	拔节期	孕穗期	现蕾（抽穗）期	开花期	结实期	成熟期	枯黄期	生长天数
饲用玉米	5/1	6/15	7/10	7/30	8/20				10/10	160

注：数据为农户调查和中科院生态站牧草引种试验数据综合分析后的生育期盛期。

　　根据拉萨地区、山南地区和日喀则地区的气候条件（表 5-5）以及气温和降水的年度变化的比较（图 5-2、图 5-3），山南地区比拉萨地区、日喀则地区热量条件好，大于等于 10℃活动积温多，对牧草生长物候有很大的影响，同时也影响牧草种植利用制度。根据调查，山南地区牧草刈割次数比日喀则地区多 1～2 次。

表 5-5　拉萨、山南、日喀则气候条件比较

地区	全年平均气温	降水量 / 毫米	≥5℃		≥10℃	
			积温	时间 / 天	积温	时间 / 天
山南	8.6	397.9	2 995.6	248	2 470.6	175
拉萨	7.9	438.9	2 782.5	231	2 305.1	166
日喀则	6.5	430.2	2 438.7	211	2 007.5	154

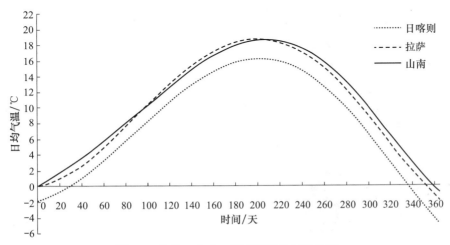

图 5-2　拉萨、山南、日喀则日均气温比较

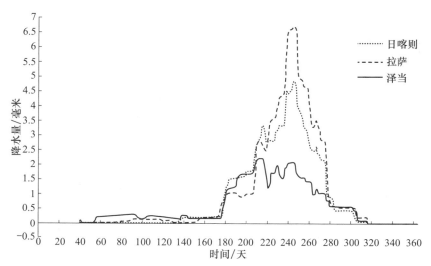

图 5-3　拉萨、泽当、日喀则降水比较

5.1　紫花苜蓿

5.1.1　来源与分布

图 5-4　紫花苜蓿

紫花苜蓿（*Medicago sativa*）（图 5-4），起源于"近东中心"——小亚细亚、外高加索、伊朗和土库曼斯坦的高地，常提到的苜蓿地理学中心为伊朗。苜蓿适宜于在具有明显大陆性气候的地区发展，这些地区的特点是春季迟临，夏季短促，土壤 pH 近中性。

苜蓿主要分布于温暖地区，在北半球大致呈带状分布，美国、加拿大、意大利、法国、中国和苏联南部是主产区；在南半球只有某些国家和地区有较大规模的栽培，如阿根廷、智利、南非、澳大利亚、新西兰等国家。美国是世界上种植面积最大的国家，面积超过 1.0×10^7 公顷，约占总种植面积的 33%；阿根廷第二，超过 7.0×10^6 公顷，占 23%；加拿大第三，每年种植超过 2.0×10^6 公顷，约占 8%；中国第五，约占 4.5%。

针对西藏"一江两河"高海拔河谷地区豆科牧草种植的发展需求，曾有试验研究了 21 个国内外紫花苜蓿品种在该地区的适应性。结果表明，参试的 21 个品种均能完成生育期；以鲜草产量为评价指标，德宝、新疆大叶、甘农 4 号和中兰 1 号 4 个品种的适应性优于其他苜蓿品种；以种子产量为评价指标，阿尔冈金最优（表 5-6）。

表 5-6　21 个国内外紫花苜蓿品种及特征

序号	品种名称	原产地	品种特征
1	中兰 1 号	中国	越冬性好，鲜草产量高
2	游客	荷兰	越冬能力，产草量和种子产量较好
3	新疆大叶	中国	鲜草产量高
4	图牧 2 号	中国	种子产量低鲜草产量低
5	苏 1034	俄罗斯	越冬能力，产草量和种子产量较好
6	三得利	荷兰	越冬能力，产草量和种子产量较好
7	苜蓿王	美国	越冬能力，产草量和种子产量较好
8	罗默	荷兰	鲜草产量低；鲜草产量低；高海拔越冬能力差
9	雷西斯	丹麦	越冬能力强
10	堪利浦	澳大利亚	越冬能力，产草量和种子产量较好
11	巨人	美国	鲜草产量低
12	皇后	美国	鲜草产量低
13	哥萨克	俄罗斯	种子产量低
14	甘农 4 号	中国	越冬能力强；鲜草产量高
15	甘农 1 号	中国	越冬能力，产草量和种子产量较好
16	德福	美国	越冬能力强；鲜草产量高
17	德宝	荷兰	越冬能力强；鲜草产量低
18	博来维	加拿大	越冬能力差

续表 5-6

序号	品种名称	原产地	品种特征
19	北极星	美国	越冬能力，产草量和种子产量较好
20	阿尔冈金	加拿大	种子产量高
21	79-78	美国	种子产量低

综合越冬率、鲜草产量和种子产量聚类分析结果，21 个供试紫花苜蓿品种中，综合性能好的有中兰 1 号、新疆大叶、甘农 4 号、得福、甘农 1 号、北极星、雷西斯、苏 1034、首蓿王、三得利、阿尔冈金等 11 个紫花苜蓿品种西藏在高海拔河谷地区具有较强的适应性。实际上在生产过程中，不同品种可能适应一定海拔范围或土壤类型，需要咨询当地草地工作人员或科技人员。

5.1.2 形态特征

紫花苜蓿抗旱性强，抗寒性中等，开花比关中苜蓿晚 7～10 天，比新疆大叶苜蓿早 10 天左右。陇东苜蓿产草量高，尤其是第一茬草产量高，一般头茬草占总产量的 55%、二茬占 31%、三茬占 14% 左右。一般旱地鲜草产量 2 000～4 000 千克／亩，水浇地每亩可达 5 000 千克以上。其优点是含水分少，干草产量高，草地持久性强，长寿。其缺点是收割后再生速度较慢。陇东苜蓿是旱作条件下的高产品种，只宜在降水量适中的旱作地区推广。

紫花苜蓿为多年生草本，高为 30～100 厘米。根粗壮，深入土层，根颈发达。茎直立、丛生以至平卧，四棱形，无毛或微被柔毛，枝叶茂盛。羽状三出复叶；托叶大，卵状披针形，先端锐尖，基部全缘或具 1～2 齿裂，脉纹清晰；叶柄比小叶短；小叶长卵形、倒长卵形至线状卵形，等大或顶生小叶稍大，长 5～40 毫米，宽 3～10 毫米，纸质，先端钝圆，具由中脉伸出的长齿尖，基部狭窄，楔形，边缘 1/3 以上具锯齿，上面无毛，深绿色，下面被贴伏柔毛，侧脉 8～10 对，与中脉成锐角，在近叶边处略有分叉；顶生小叶柄比侧生小叶柄略长。

花序总状或头状，长 1～2.5 厘米，具花 5～30 朵；总花梗挺直，比叶长；苞片线状锥形，比花梗长或等长；花长 6～12 毫米；花梗短，长约 2 毫米；萼钟形，长 3～5 毫米，萼齿线状锥形，比萼筒长，被贴伏柔毛；花冠各色：淡黄、深蓝至暗紫色，花瓣均具长瓣柄，旗瓣长圆形，先端微凹，明显较翼瓣和龙骨瓣长，翼瓣较龙骨瓣稍长；子房线形，具柔毛，花柱短阔，上端细尖，柱头点状，胚珠多数。

荚果螺旋状紧卷 2～4 圈或 2～6 圈，中央无孔或近无孔，径 5～9 毫米，被柔毛或渐脱落，脉纹细，不清晰，熟时棕色；有种子 10～20 粒。种子卵形，长 1～2.5 毫米，平滑，黄色或棕色。花期 5～7 月，果期 6～8 月。

5.1.3　生长习性

紫花苜蓿为多年生豆科牧草，抗逆性强，适应范围广，能生长在多种类型的气候、土壤环境下。其性喜干燥、温暖、多晴天、少雨天的气候和干燥、疏松、排水良好，富含钙质的土壤。最适气温 25～30℃；年降水量为 400～800 毫米的地方生长良好，越过 1 000 毫米则生长不良。年降水量在 400 毫米以内，需有灌溉条件才生长旺盛。夏季多雨、湿热的天气最为不利。紫花苜蓿蒸腾系数高，生长需水量多。每构成 1 克干物质约需水 800 克，但又最忌积水，若连续淹水 1～2 天，即大量死亡。紫花苜蓿适应在中性至微碱性土壤上种植，不适应强酸、强碱性土壤，最适土壤 pH 为 7～8，土壤含可溶性盐在 0.3% 以下就能生长。在海拔 2 700 米以下，无霜期 100 天以上，全年 ≥10℃积温 1 700℃以上，年平均气温 4℃以上的地区都是紫花苜蓿宜植区。紫花苜蓿属于强光作用植物，刚开展的叶片同化二氧化碳的最大量每小时每平方米为 70 毫克；叶片的淀粉含量昼夜变幅大，干重从上午的 8% 增加至日落时的 20%，其后含量急剧下降，叶片是进行光合作用的场所，一个发育良好的苜蓿群体叶面积指数通常为 5，每平方米有中等大小的叶片 5 000～15 000 个。

5.1.4　播种技术

紫花苜蓿播种时应选择地势高燥、平坦、有灌溉条件、排水良好、土层深厚的沙壤土或水田土。播种前必须将地块整平整细，深翻深度为 25～35 厘米，用钉齿耙或圆盘耙耙地，去除杂草和石头。

4 月中上旬至 5 月初是西藏河谷区的最佳播种时期。拉萨地区比日喀则地区的紫花苜蓿的播种期要早 10～15 天。

应选用适合本地种植的品种，选用纯度高、净度高、发芽率高、千粒重的优质种子。对种子进行硬实处理，可采用变温浸种发，变温浸种法是在 50～60℃水中浸泡半小时后取出，在阳光下暴晒，夜间转至阴凉处，其间常加水时种子保持湿润，2～3 天后种皮即可开裂。最简单的方法可以用清水浸泡 24 小时后，晒种约 10 小时，即播种。

基肥以农家肥为主，如羊粪、牛粪等，施用量 500～1 000 千克/亩，配合施用少量化肥，磷酸二铵 7.5 千克/亩，尿素 7.5 千克/亩。

播种量为 3～4 千克/亩。采取条播或撒播。条播多采用机械播种和畜力播种，撒播主要用于人工改良牧场、沟壑、河滩及公路两旁，播种量比条播大 2～3 倍，要求撒种均匀，爬耧一遍，最后浅土覆盖。

播种深度应控制在 2～3 厘米为宜，水分条件好宜浅，水分条件差则宜深；粘土地稍浅，沙土地稍深。播种后可适当镇压，具有提墒保湿作用，有益于种子吸水发芽。牧草出苗后 15～20 天，可根据出苗情况及时进行补播，以保证牧草稳定生长。

5.1.5 紫花苜蓿田间管理技术

对紫花苜蓿进行灌溉主要分以下几个时期：播前水、播种水、出苗水、现蕾期、每次刈割后、返青水、越冬水等。现蕾开花期是需水量最多的时期。主要施用速效化肥，一般在分枝期、拔节期、现蕾期及每次刈割后都应追肥。每次刈割后，应结合中耕松土追施适量的农家肥或化肥，一般追肥 2 次，每次尿素 10～15 千克/亩。紫花苜蓿播种当年应除草 1～2 次，苗期是田间杂草最易发生时期。越冬前，秋季刈割宜推迟至生长停止时进行，留茬宜高，一般在 10 厘米左右；冬前灌越冬水，可以配合施以牛羊粪等保证其安全越冬；冬前 1 个月和返青期禁止放牧。紫花苜蓿的最佳刈割时期为始花期，最晚不超过盛花期，规模化生产中一般以花蕾 10% 开放时进行刈割为宜。刈割时间应选在晴朗天气的午前或午后。在拉萨和山南地区，紫花苜蓿 1 年可刈割 3～4 次，第 1 次于 5 月中、下旬始花期刈割，7 月中旬进行第 2 次刈割，10

月初进行第 3 次刈割。在日喀则地区 1 年可刈割 2 次，第 1 次于 7 月初刈割，第 2 次是 8 月底或 9 月初进行刈割。一般在灌溉条件好的地方，紫花苜蓿留茬高度以 3～4 厘米为宜，在干旱地区最适留茬高度为 5～6 厘米。

5.2　箭筈豌豆

5.2.1　来源与分布

箭筈豌豆（*Vicia sativa*）（图 5-5），原产欧洲南部、亚洲西部，现已广为栽种，全国各地均产，生长于海拔 50～3 000 米荒山、田边草丛及林中。我国现高寒牧区主要品种有西牧 324、西牧 881、西牧 333。

图 5-5　箭筈豌豆

5.2.2　形态特征

箭筈豌豆为一年生或越年生叶卷须半攀援性草本植物，株高为 15～90（105）厘米。茎斜升或攀援，单一或多分枝。具棱，被微柔毛。偶数羽状复叶长 2～10 厘米，叶轴顶端卷须有 2～3 分支；托叶戟形，通常 2～4 裂齿，长为 0.3～0.4 厘米，宽为 0.15～0.35 厘米；小叶 2～7 对，长椭圆形或近心形，长为 0.9～2.5 厘米，宽为 0.3～1 厘米，先端圆或平截有凹，具短尖头，基部楔形，侧脉不甚明显，两面被贴伏黄柔毛。花 1～2 或 1～4 腋生，近无梗；萼钟形，外面被柔毛，萼齿披针形或锥形；花冠紫红色或红色，旗瓣长倒卵圆形，先端圆，微凹，中部缢缩，翼瓣短于旗瓣，长于龙骨瓣；子房线形，微被柔毛，胚珠 4～8，子房具柄短，花柱上部被淡黄白色髯毛。荚果线长圆形，长为 4～6 厘米，宽为 0.5～0.8 厘米，表皮土黄色种间缢缩，有毛，成熟时背腹开裂，果瓣扭曲。种子 4～8，圆球形，棕色或黑褐色，种脐长相当于种子圆周的 1/5。

花期为 4—7 月，果期 7—9 月。

5.2.3　生长习性

箭筈豌豆适于在气候干燥、温凉、排水良好的沙质壤土上生长，适宜土壤 pH 6.5～8.5，比苕子抗逆力稍差。早发、速生、早熟、产种量高而稳定，鲜物重养分含量为 N 0.64%，P_2O_5 0.1%，K_2O 0.59%。箭筈豌豆为绿肥及优良牧草，全草药用，花果期及种子有毒，国外曾有用其提取物作抗肿瘤的报道。

5.2.4　播种技术

为利于早苗、苗齐，须精细整地，均匀盖土。整地应在播种前一年完成浅耕、灭茬灭草，蓄水保墒。翌年播种前施底肥、深耕、耙糖、整平地面。

在整地时施入一定数量的农家肥和磷肥，一般厩肥用量 500～1 000 千克 / 亩，磷酸二铵 10 千克 / 亩，尿素 5 千克 / 亩。

箭筈豌豆春、夏、秋均可播种，在温度较低的地区，早播是高产的关键。在一江两河地区播种期为 5 月初，在山南地区一般在小麦或大蒜收获后复种或麦田套种。若用于收种，则以早春播种为好。

条播 7.5 千克 / 亩左右，撒播 10～15 千克 / 亩。播种深度为 3～5 厘米。如土壤墒情差，可播深一些。

5.2.5　箭筈豌豆田间管理技术

在生长期分枝期、茎繁期、现蕾期、盛花期和青荚期的供水。要特别注意的是溉水量不宜过大，应速灌速排。此外，刈割后要等到侧芽长出后再灌水，否则水分从茬口进入茎中，会使植株死亡。

在分枝盛期和开花中期追尿素 10～15 千克 / 亩；钾肥和钼肥对箭筈豌豆种子生产具有明显增产作用，施氯化钾 10 千克 / 亩，可以提高留种田种子产量 28%。

箭筈豌豆与其他禾本科牧草或作物科学轮作或者套种，可明显减轻杂草的危害；播前深耕、早春耙地、适时刈割；当箭筈豌豆齐苗后，及时中耕或铲草 1～2 次也可有效防除杂草。

根据不同利用目的及播种类型，箭筈豌豆的适宜收获期不同。青饲利用或调制干草，应在箭筈豌豆生长到盛花期至初荚期进行刈割，以获得较高的鲜草产量和较好的草品质；燕麦与箭筈豌豆混播最佳刈割期为燕麦乳熟期与箭筈豌豆满荚期。因为此时混合饲草产量最高，饲用价值较高。在盛花期刈割留茬高 5～6 厘米，结荚期刈割留茬 13 厘米。

5.3　黑麦草

5.3.1　来源与分布

黑麦草（*Lolium*）（图 5-6），禾本科黑麦草属植物，约 10 种，包括欧亚大陆温带地区的饲草和草场禾草及一些有毒杂草。黑麦草是重要的栽培牧草和绿肥作物。本属约有 10 种，我国有 7 种，即田野黑麦草（*Lolium temulentum*）、多花黑麦草（*Lolium multiflorum*）、多年生黑麦草（*Lolium perenne*）、欧黑麦草（*Lolium persicum*）、疏花黑麦草（*Lolium remotum*）、硬直黑麦草（*Lolium rigidum*）和毒麦（*Lolium temulentum*）。其中，多年生黑麦草（*L. perenne*）和多花黑麦草（*L. multiflorum*）是具有经济价值的栽培牧草，现新西兰、澳大利亚、美国和英国广泛栽培用作牛羊的饲草以及各地普遍引种栽培的优良牧草。

图 5-6　黑麦草

黑麦草生于草甸草场，路旁湿地常见，广泛分布于克什米尔地区、巴基斯坦、欧洲、亚洲暖温带、非洲北部。截至 2004 年的统计来看，全球有黑麦草 20 多个品种，经济价值最高、栽培最广泛的有 2 种：多年生黑麦草和多花黑麦草。

其中，我国的多花黑麦草育种起步较晚，截至 2012 年，全国草品种审定登记的多花黑麦草品种 15 个（表 5-7），其中，育成品种仅有 4 个，属间杂交品种 1 个。在国审品种中除了勒普"是二倍体外，其余都是四倍体。

表 5-7 我国的多花黑麦草国审品种

序号	品种	登记时间 / 年	选育单位	品种类型
1	阿伯德	1988	四川省草原研究所	引进品种
2	勒普	1991	四川省畜牧兽医研究所	引进品种
3	赣选一号	1994	江西省畜牧推广站	育成品种
4	盐城	1990	江苏沿海地区农科所	地方品种
5	赣饲三号	1994	江西省饲料研究所	育成品种
6	上农四倍体	1995	上海农学院	育成品种
7	特高德	2001	广东省饲草饲料站	引进品种
8	长江二号	2004	四川农业大学	育成品种
9	杰威	2004	四川省金种燎原种子公司	引进品种
10	钻石	2005	北京克劳沃草业开发中心	引进品种
11	蓝天堂	2005	北京克劳沃草业开发中心	引进品种
12	邦德	2008	云南省草山饲料工作站等	引进品种
13	安格斯一号	2008	云南省草山饲料工作站等	引进品种
14	达博瑞	2012	云南省草山饲料工作站等	引进品种
15	阿德纳	2012	北京佰青源畜牧业科技发展公司	引进品种

5.3.2 形态特征

多年生具细弱根状茎，秆丛生，高为 30～90 厘米，具 3～4 节，质软，基部节上生根。叶舌长约 2 毫米；叶片线形，长为 5～20 厘米，宽为 3～6 毫米，柔软，具微毛，有时具叶耳。穗形穗状花序直立或稍弯，长为 10～20 厘米，宽为 5～8 毫米；小穗轴节间长约 1 毫米，平滑无毛；颖披针形，为其小穗长的 1/3，具 5 脉，边缘狭膜质；外稃长圆形，草质，长为 5～9 毫米，具 5 脉，平滑，基盘明显，顶端无芒或上部小穗具短芒，第一外稃长约 7 毫米；内稃与外稃等长，两脊生短纤毛。颖果长约为宽的 3 倍。花果期 5—7 月。

黑麦草高约 0.3～1 米，叶坚韧、深绿色。小穗长在「之」字形花轴上。多年生黑麦草（L. perenne）和意大利黑麦草萌芽早，为牧场和草地所收草籽中的重要成分。毒麦常为有毒真菌侵染，其种子还含有麻醉性有毒成分，二者对于草场动物十分危险。黑麦草为禾本科黑麦草属，在春、秋季生长繁茂，草质柔嫩多汁，适口性好，是牛、羊、兔、猪、鸡、鹅、鱼的好饲料。供草期为 10 月至次年 5 月，夏天不能生长。黑麦草是禾本科黑麦属多年生疏丛型草本植物。株高为 80～100 厘米。须根发达，主要分布于 15 厘米深的土层中。茎直立，光滑中空，色浅绿。单株分蘖一般 60～100 个，多者可达 250～300 个。叶片深绿有光泽，长为 15～35 厘米，宽为 0.3～0.6 厘米，多下披。叶鞘长于或等于节间，紧包茎；叶舌膜质，长约 1 毫米。穗状花序长为 20～30 厘米，每穗有小穗 15～25 个，小穗无柄，紧密互生于穗轴两侧，长为 10～14 毫米；有花 5～11 枚，结实 3～5 粒。第一颖常常退化，第二颖质地坚硬，有脉纹 3～5 条，长为 6～12 毫米。外稃长为 4～7 毫米，质薄，端钝，无芒；内稃和外稃等长，顶端尖锐，透明，边有细毛，颖果梭形，种子千粒重 1.5 克。

5.3.3　生长习性

生于草甸草场，路旁茂盛的黑麦草茂盛的黑麦草湿地常见。黑麦草须根发达，但入土不深，丛生，分蘖很多，种子千粒重 2 克左右，黑麦草喜温暖湿润土壤，适宜土壤 pH 为 6～7。该草在昼夜温度为 12～27℃时，再生能力强，光照强，日照短，温度较低对分蘖有利，遮阳对黑麦草生长不利。黑麦草耐湿，但在排水不良或地下水位过高时，不利于黑麦草生长，可在短时间内提供较多青饲料，是春秋季畜禽的良好草资源。

5.3.4　播种技术

黑麦草适合在肥沃湿润、排水良好的壤土或黏土上生长，也可在微酸性

土壤上生长，最适土壤 pH 为 6～7。

黑麦草种子较小，要求地面平整无大土块。用犁耕翻土地，耕翻深度为 20～25 厘米，用钉齿耙或圆盘耙进行耙地，耙碎土块，耙实土层，去除杂草、石块。

黑麦草在西藏河谷区在 4 月进行播种。山南地区播种较早，一般在 4 月初进行播种，日喀则地区最晚，在 4 月底或 5 月初，拉萨地区则适中。

播种前对种子进行选种、去芒和浸种处理。选籽粒饱满、纯净度高的种子，清除杂质，可用清选机选或人工筛选扬净。必要时可用盐水（10 千克水加 1 千克盐）或硫酸铵溶液选种。播种前如需去芒，可利用去芒机进行，也可将种子铺在晾晒场地上，厚 5～7 厘米，用环形镇压器进行压切，然后在进行筛选。播前可以用清水泡 8～12 小时，捞起后堆放催芽，露白时和 3～5 倍的细土或沙子混合进行播种，以利出苗和提高成苗率。

黑麦草播种量为 2～4 千克 / 亩，撒播时，播种量要偏大；基肥以农家肥为主，一般每亩施农家肥（无土）400～500 千克 / 亩，尿素 7.5 千克 / 亩和磷酸二铵 7.5 千克 / 亩。

黑麦草的播种方式有撒播和条播 2 种，条播时行距为 25 厘米左右，播种深度为 4～5 厘米。播种深度应控制在 2～3 厘米为宜，水分条件宜浅，水分条件差则宜深；粘土地稍浅，沙土地稍深。播种后可适当镇压，具有提墒保湿作用，有益于种子吸水发芽。一般在牧草出苗后 15～20 天根据出苗的情况及时进行补播，以保证草地的稳定生长。

5.3.5　黑麦草田间管理技术

黑麦草的特点是喜湿又怕水浸渍，沙质土壤保水性差，灌溉次数要增多。在春季播种保水后至少 25～30 天，要进行人工灌溉；在分蘖、拔节、抽穗期以及每次刈割后遇旱要及时进行灌溉。

在黑麦草的苗期、分蘖期、拔节期和抽穗期追肥，每次刈割后也要追肥，在西藏主要施用尿素和磷酸二铵。首次追肥在播种后的 30～35 天，每亩施尿素约 15 千克为宜。每次刈割后，应追施速效氮肥一次，按每亩施尿素 15 千克左右。

精选播种材料，进行中耕除草，合理密植，采用宽行播种、混播、混种、间种、套种等方式预防杂草的发生；及时清除路边的杂草，减少杂草向牧田里扩散的程度。

刘割时间必须严格控制在抽穗至开花期，一般喂猪用途可在抽穗前收割，喂牛用途则可稍迟一点，调制干草的在分蘖盛期至拔节期刘割为宜。

黑麦草刘割时留茬高度以 5 厘米为宜，每次刘割后应适当松土追肥。一般刘割 2 次：第 1 次一般在 6 月底至 7 月初刘割，第 2 次一般在 9 月底刘割。

5.4　鸭茅

5.4.1　来源与分布

鸭茅（*Dactylis glomerata*）（图 5-7），禾本科多年生草本植物。原产于美国。20 世纪 90 年代我国引进并加以培育，成为适用于我国各地种植最优质的牧草之一。它具有适应性强、产量高、营养价值高、抗病力强，易栽易管等特点，但在干旱地区不如其他牧草。鸭茅草对改善生态环境，保持水土流失，改变土壤也有一定的积极作用。

5.4.2　形态特征

多年生草本，疏丛型。须根系，密

图 5-7　鸭茅

布于 10～30 厘米的土层内，深的可达 1 米以上。秆直立或基部膝曲，高 70～120 厘米（栽培的可达 150 厘米以上）。叶稍无毛，通常闭合达中部以上，上部具脊；叶舌长 4～8 毫米，顶端撕裂状；叶片长 20～30 厘米或 20～45 厘米，宽 7～10 毫米或 7～12 毫米。圆锥花序开展，长 5～20 厘米 5～30 厘米；小穗多聚集于分枝的上部，通常含 2～5 花；颖披针形，先端渐尖，长为 4～5 毫米，具 1～3 脉；第一外稃与小穗等长，顶端具长约 1 毫米的短芒。颖果长卵形，黄褐色。

一种疏丛型牧草，它的寿命 5～6 年，为牛、马的上等饲料。根系特别发达，茎秆直立，高 40～120 厘米。基叶繁多，叶片扁长而柔软，边缘粗糙有刺。圆锥花序，小穗着生在穗轴的一侧，形似鸡脚，内、外稃均具纤毛。种子长卵形，黄褐色。喜温暖湿润气候，抗寒力中等，不耐高温和干旱。耐荫性强，多生长于山坡、路旁和林下。喜肥沃黏壤土；耐微酸，不耐碱。春、秋两季均可播种，每亩播种量为 0.5～1 千克。适宜与三叶草、黑麦草等混播。干物质平均含粗蛋白质 13.20%，粗脂肪 4.33%，无氮浸出物 44.17%，粗纤维 29.33%，粗灰分 8.97%。再生力强，耐刈割，每年可刈用 2～3 次。可青饲、青贮或调制干草。但干草一般不宜喂羔羊，因易刺伤肠壁。

5.4.3　生长习性

鸭茅适宜于湿润而温凉的气候，其抗寒性不如猫尾草（*Uraria crinita*）和无芒雀麦（*Bromus inermis*），它不仅能分布到上述两种草生长的地方，还能忍耐较高的温度，因而，它比上述 2 种草分布到更南的地方。气温以 10～28℃为最适生长温度；在 30℃以上时，发芽率降低，生长缓慢。昼夜温差过大对鸭茅不适，以昼温 22℃，夜温 12℃最好。鸭茅抗旱力较猫尾草好，但不如原产于低雨量地区的无芒雀麦。

在良好的条件下，鸭茅是长寿命的多年生草，一般为 6～8 年，多者可达 15 年，以第 2 年和第 3 年产草量最高。春季萌发早，发育极快，放牧或割草以后，恢复很迅速。早期收割，其再生新枝的 65.8% 是从残茬长出，34% 从分蘖节及茎基部节上的腋芽长出。但在盛夏时，高于上述 2 种草，其再生草的产量占总产量的 33%～66%。

鸭茅适应的土壤范围较广，在肥沃的壤土和粘土上生长最好，但在稍贫瘠干燥的土壤上，也能得到好的收成。它系耐阴低光效植物，提高光照强度，并不能显著提高光合效率。所以宜与高光效牧草或作物间、混、套作，以充分利用光照，增加单位面积产量。在果树林下或高秆作物下种植，能获得较好的效果。

5.4.4 播种技术

播前整地务求精细，要消除田块中的大小坷垃，拣除残茬，消除低洼地块，避免因坷垃、残茬而影响地膜覆盖质量，从而消除漏风、漏温等现象。利用钉齿耙或圆盘耙耙地，使耕地平整、无坷垃。采用重型圆盘耙可以对黏重的土壤进行碎土和平土。

鸭茅一般要施质量较高的厩肥 1 000～2 000 千克／亩，增施尿素和磷酸二铵各 7.5 千克／亩。

鸭茅种子对水热条件要求比较严格，最适生长温度为 10～28℃，30℃ 以上发芽率低，生长缓慢。一般选择 4 月中旬到 5 月上、中旬进行播种。

为保证播种质量以及烘干、清选工作的顺利进行，必须预先进行去芒处理。一般利用去芒机进行，也可将种子铺在晾晒场地上，厚为 5～7 厘米，用环形镇压器进行压切，然后再进行筛选。进行种子清选以保证播种材料纯净度高、粒大、饱满、整齐一致、生命力强、健康无病虫害。种子清选的方法有风筛、比重清选、窝眼清选和表面特征清选四种方法。在西藏地区根据土壤条件和种子质量，播种量要适当调整，一般鸭茅播种量为 2～4 千克／亩。鸭茅可撒播，可条播。生产田条播行距为 15～25 厘米，种子田条播行距为 25～30 厘米。

鸭茅播种深度一般控制在 2～4 厘米，播种深度随土质不同而不同，一般轻质土播深为 4 厘米，中黏土播深为 3 厘米，重质土播深为 2 厘米。牧草出苗后，可根据出苗情况及时进行补播，以保证牧草稳定生长。

5.4.5 鸭茅田间管理技术

鸭茅幼苗期生长缓慢，易受杂草危害，要及时消灭杂草，可进行人工、机械物理除草和化学除草相结合消除杂草。

鸭茅从分蘖到抽穗期间需水量较大，所以在此期间要根据当地雨水情况及时进行灌溉。鸭茅喜肥力强，两年生植株返青早，生长发育快，1 年可收割 2～4 次，在每次收割后，施尿素 15～20 千克／亩为宜。

鸭茅应在抽穗期进行刈割，此时草质柔嫩，营养价值高，适口性良好；如收获较晚，茎叶易老化，质地粗糙。鸭茅生长第1年只割1次，之后每年刈割2～4次。在生育期较短，气候干燥，土壤贫瘠的地方，1年只能刈割1～2次。在生育期较长，气候温暖湿润，管理水平较高的地方，1年可刈割3～4次。试验研究表明，鸭茅草地在刈割后留茬高度为5～7厘米为宜。

5.5 燕麦

5.5.1 来源与分布

燕麦（*Avena sativa*）（图 5-8）主要有 2 种：一种是裸燕麦；另一种是皮燕麦。裸燕麦成熟后不带壳，俗称油麦，即莜麦，国产的燕麦大部分是这种。皮燕麦成熟后带壳，如进口的澳洲燕麦。在我国，燕麦（莜麦）是主要的高寒作物之一，为上等杂粮。集中产于坝上等高寒地区，属禾本科（*Cramineae*），一年生草本植物。其生长期与小麦大致相同，但适应性甚强，耐寒、耐旱、喜日照。我国是燕麦的原产地之一，内蒙古武川县是世界燕麦发源地之一，

被誉为中国的"燕麦故乡"。古书中早有记载：《尔雅·释草》中名为"蘥"，《史记·司马相如传》中称"籥"，《唐本草》中谓之"雀麦"，《本草纲目》说："燕麦多为野生，因燕雀所食，故名。"此外，《救荒本草》和《农政全书》等都有记述。唐代刘梦得有"菟葵燕麦，动摇春风"之句，说明燕麦在我国栽培利用历史悠久，且各地皆有分布，特别是华北北部长城内外和青藏高原、内蒙古、东北一带牧区或半牧区栽培较多。华北的长城内外山西朔州和陕南秦巴山区高寒地带，由于气候凉爽，自古就广泛种

图 5-8 燕麦

植燕麦。在《唐书·吐蕃传》中记载了青藏高原一带早已种植着一种稞燕麦（也称莜麦）。这些都说明了我国也是燕麦的起源中心之一。

燕麦主要分布于欧洲（俄罗斯、丹麦、芬兰、挪威、法国、英国、德国、匈牙利）、亚洲（中国和日本）、非洲（西撒哈拉和毛里塔尼亚）、北美洲（美国和加拿大）、大洋洲（澳大利亚）、南美洲（巴西）的温带地区。我国多分布于东北、华北、西北高寒地区，以内蒙古、河北、青海、甘肃、山西等种植而积最大，新疆和陕西次之，云南、贵州、西藏和四川种植较少。

我国在不同时期曾引进试验国内外优良燕麦品种（表 5-8）进行牧草生态适应性观测试验，其中，青永久 52，察北和青永久 479 燕麦品种具较高产量和叶片比，白燕 7 号、丹麦 444 燕麦和加燕 2 号这 3 个品种在饲草产量和品质方面表现良好，锋利燕麦、青永 473、绿麦、白燕 9 号、丹麦 444 这 5 种燕麦在拉萨均有较强的适应性，绿麦在生长高度、生长速度等方面表现较好，这几个品种均可作为高寒牧区优质燕麦草地的推广品种，推动草地畜牧业的发展。

表 5-8　国内外引进燕麦品种及其来源

序号	品种	产地	特征
1	青引 1 号	青海	生育期适中，抗逆性强，早熟，高产，草籽兼优
2	加燕 2 号	加拿大	生育期适中，出苗率高，产量高，品质好
3	青筱 2 号	青海	抗旱、抗寒、抗倒伏，高原适应能力强，产量高，品质好
4	青海 444	青海	生育期较短，早熟，抗旱、抗寒，产量高，品质好，高原适应能力强
5	白燕 7 号	吉林	抗逆性较好，产量高，品质好
6	白燕 11 号	吉林	抗逆性好，产量高，品质好
7	丹麦 444	丹麦	抗逆性强，抗倒伏，强抗寒、对高温敏感，能适应不同的酸碱类型土壤，产草量高，营养丰富
8	青永久 101	青海大学	分蘖数高，品质较好
9	青永久 479	青海大学	产量高，品质好，叶片占比高
10	青永久 1 号	青海大学	品质好，草籽兼优
11	青永久 489	青海大学	产量高，品质好，叶片占比高
12	青永久 52	青海大学	分蘖数高，产量高，品质好，叶片占比高

续表 5-8

序号	品种	产地	特征
13	青永久 440	青海大学	分蘖数高，产量较高，品质好
14	察北燕麦	青海大学	出苗快，叶片占比高，产量较高，品质好
15	锋利燕麦	青海	出苗快，分蘖数高，叶片占比高，产量较高，品质好
16	青永 473	青海	分蘖数高，产量高，品质好，叶片占比高
17	绿麦	青海	生育期较短，生长高度高，产量较高
18	白燕 9 号	青海	早熟，株高中等，抗逆性好，抗病性强，高原适应性强

5.5.2 形态特征

燕麦为一年生草本；根系发达，秆直立光滑，叶鞘光滑或背有微毛，叶舌大，没有叶耳，叶片扁平；圆锥花序（panicle），穗轴直立或下垂，向四周开展，小穗柄弯曲下垂；颖宽大草质，外稃坚硬无毛，有或无芒；颖果腹面具有纵沟，被有稀疏茸毛；成熟时内外稃紧抱籽粒，不容易分离，这与莜麦（裸燕麦）不同。

具顶生圆锥花序，小穗含 2 至数花，大都长过 2 厘米，柄弯曲，脱节于颖之上及诸小花之间，亦有不断者，颖具 7～11 脉，长于下部小花，外稃质地多坚硬，具 5～9 脉，有芒或无，芒多自稃体中部伸出，芒柱扭转而曲；雄蕊 3 枚，子房有毛。

该种似野燕麦（*Avena fatua*），其主要性状为小穗含 1～2 小花；小穗轴近于无毛或疏生短毛，不易断落；第一外稃背部无毛，基盘仅具少数短毛或近于无毛，无芒，或仅背部有 1 较直的芒，第二外稃无毛，通常无芒。

5.5.3 生长习性

燕麦喜凉爽但不耐寒。温带的北部最适宜于燕麦的种植，种子在 2～4℃对，就能发芽，幼苗能忍受 –4～–2℃的低温下环境，在麦类作物中是最耐寒的一种。中国北部和西北部地区，冬季寒冷，只能在春季播种，较南地区可以秋播，但须在夏季高温来临之前成熟。

燕麦生长在高寒荒漠区，但种子发芽时约需相当于自身重 65% 的水分。燕麦的蒸腾系数比大麦和小麦高，消耗水分也比较多，生长期间如水分不足，常使籽粒不充实而产量降低。因此，燕麦的根茎往往长达 1 米左右，以便能汲取更多的水分。

在优良的栽培条件下，各种质地的土壤上均能获得好收成，但以富含腐殖质的湿润土壤最佳。燕麦对酸性土壤的适应能力比其他麦类作物强，但不适宜于盐碱土栽培。

5.5.4　播种技术

1. 整地时要深耕细耙

整地通常可在播种前几天或 1 至数月进行，翻耕时可用圆盘耙、缺口耙、犁等进行，翻耕深度为 30～50 厘米，再细耙 1～2 次。施足基肥，基肥以农家肥为主，施用量 500～1 500 千克 / 亩，磷酸二铵 10～15 千克 / 亩。西藏地区燕麦适宜在晚春或初夏（4 月底至 5 月初），当地温稳定在 5℃时即可播种，与小麦同时或稍早播种。不同用途的燕麦播种期稍有差异，一般种子田适当早播，在 4 月中、下旬播种；青草地可晚 20 天左右，如收干草和冻干草时，在 5 月上、中旬播种。

2. 播种前应进行种子精选，剔除小粒、秕粒、虫粒和杂质，选择粒大、饱满的籽粒

对引进的草种要经过严格的检验检疫、清选去杂，以防止杂草和病虫害蔓延，保证播种质量。播种前晒种 3 天，可提高发芽率，促进苗齐苗壮。方法是选择晴天，将精选好的种子摊晒 2～3 天。用温水浸种可为防止黑穗病的发生，方法是用 55℃热水浸种 10 分钟，也可先用冷水预浸 3 小时，然后用 52℃热水浸种 5 分钟，再放入冷水中冷却，捞出晾干备用。一般每亩播种量为：条播 8～10 千克 / 亩，撒播 10～12 千克 / 亩。

3. 根据栽培目的、地形、气候条件与播种农具等，采用不同的播种方式

撒播只需将种子均匀地撒到地面上，然后翻耕、耙平、镇压即可，省工

省时。但干旱地区不宜撒播，严重影响出苗。条播：最好采用人工开沟，行距25厘米。播种深度3～4厘米，墒情不好时，播种深度适当增加，以4～5厘米为宜。播种要均匀，深浅一致，播后覆土3～5厘米。播后耙细、拖平，一定要镇压1～2次，使种子与土壤紧密接触，以利出苗。如播后下大雨，应在出苗前1～2天破除板结，预防曲芽。

5.5.5 燕麦田间管理技术

燕麦虽是抗旱作物，但对水分也有一定的需求。灌水应掌握"小苗小水，抽穗大水，水肥结合"的原则。灌跑马水，避免小水漫灌。应在傍晚灌水，以免因热蒸而造成伤根死苗。

播后灌水，要切忌大水漫灌，避免土壤板结严重，大大降低保苗率，从而影响产量。因此，要杜绝播种后大水漫灌保苗水。生育期灌水应注意早浇分蘖水，分蘖水应在植株3～4片叶时进行。在这一阶段燕麦需要大量水分，宜早浇，且要小水饱浇；晚浇拔节水，拔节水一定要晚浇，即在燕麦植株的第二节开始生长时再浇。如果早浇拔节水，燕麦植株的第一节就会生长过快，致使细胞组织不紧凑，韧度减弱，容易造成倒伏；浇好孕穗水，此时，燕麦底部茎秆脆嫩，顶部正在孕穗，如果浇不好，往往造成严重倒伏。

在拔节期，每亩追施尿素10～15千克/亩，在扬花期，追施尿素10～15千克/亩不能少，否则，影响产量。

图 5-8　垂穗披碱草

5.6　垂穗披碱草

5.6.1　来源与分布

垂穗披碱草（*Elymus nutans*）（图5-9）分布于我国内蒙古、河北、陕西、甘肃、宁夏、青海、新疆、四川、西藏等省（自治区）。在国外，俄罗斯的亚洲部分和印度的喜马拉雅地区均有分布。

5.6.2 形态特征

垂穗披碱草为多年生疏丛型草本植物，高 50～70 厘米，栽培种 80～120 厘米。根茎疏丛状，根系发达，呈须状。秆直立，3～4 节，基部节稍膝曲。叶片扁平，长 6～8 厘米，宽 3～5 厘米，两边微糙草或下部平滑，上面疏生柔毛，叶鞘除基部者外，其余均短于节间。叶舌极短，长约 0.5 毫米。穗状花序排列较紧密，小穗多偏于穗轴的一侧，通常弯曲，先端下垂，长 5～12 厘米，穗轴每节一般有二枚小穗；接近顶端处各节仅具一枚小穗，基部具不育小穗，小穗梗短或无；小穗绿色，成熟带紫色，长 12～15 厘米，每小穗含 3～4 小花，其中仅 2～3 花可育。颖呈长圆形，具 3～4 脉，长 4～5 厘米，具 1～4 厘米长的短芒；外稃长披针形，具 5 脉；芒长 12～20 厘米，粗糙，向外反曲或稍展开，内稃与外稃具 5 脉，等长，先端钝圆或截平，成熟后变黑色，颖果，种子披针形，紫褐色，千粒重 2.85～3.2 克。

5.6.3 生长习性

垂穗披碱草茎叶茂盛，当年实生苗只能抽穗，生长第 2 年一般在 4 月下旬至 5 月上旬返青，6 月中旬至 7 月下旬抽穗开花，8 月中、下旬种子成熟，全生育期为 102～120 天。垂穗披碱草具有发达的须根。根茎分蘖能力强，当年实生苗一般可分蘖 2～10 个，土壤疏松时，可达 22～46 个，生长第 2 年分蘖数达 30～80 个，其中半数以上能开花结子。抗寒，幼苗能耐低温的侵袭。据观察，在青海同德县，当气温下降到 –38℃时，能安全越冬，越冬率为 95%～98%。

适应性强，无论在低海拔的河北，或高海拔的青藏高原均生长良好，适应海拔高度的范围为 450～4 500 米。在青海省年平均气温 –26℃的泽库县，–3.4℃的曲玛莱县，都表现生长发育良好，对土壤要求不严，各种类型的土壤均能生长。据报道，它能适应 pH 为 7.0～8.1 的土壤，并且生长发育良好。抗旱力较强，根系入土深可达 88～100 厘米，能利用土壤中的深层水。但不耐长期水淹，过长则枯黄死亡。

垂穗披碱草具有广泛的可塑性，喜生长在平原、高原平滩以及山地阳坡、沟谷、半阴坡等地方。在滩地，阴坡常以优势种与矮嵩草（*Kobresia humips*）、紫花针茅（*Stipa purpurea*）组成草甸草场，在青藏高原海拔 3 500～4 500 米的滩地、沟谷、阴坡山麓地带，生长高大茂盛，形成垂穗披碱草草场；在稍干旱的生境，常能占领芨芨草草场的空间，形成优势层片，与芨芨草（*Achnatherum splendens*）等组成芨芨草、垂穗披碱草草场；在路旁、沟边、河漫滩地带，能形成大片植丛或小片群落，在灌丛草甸，高山草甸上一般散生和零星生长，往往以伴生种掺入灌丛草甸草场。垂穗披碱草经栽培驯化后，在青海各地广泛种植，可建立人工打草场；与冷地早熟禾（*Poa crymophila*）、草地早熟禾（*P. pratensis*）混播，建立打草、放牧兼用的人工草场。

5.6.4　播种技术

披碱草适宜深翻，在 0～50 厘米，披碱草的产量会随耕翻深度增加而呈现出增加的趋势；利用钉齿耙或圆盘耙耙地，使耕地平整、无坷垃，采用重型圆盘耙可以对粘重的土壤进行碎土和平土。

披碱草一般要施质量较高的厩肥 500～1 500 千克 / 亩，磷酸二铵 7.5 千克 / 亩，尿素 7.5 千克 / 亩。

披碱草种子萌发的最低温度为 5 ℃，最高温度为 30 ℃，最适温度为 20～25 ℃。在有灌溉条件或春墒较好的地区，可春播；在春旱严重地区，最好采取夏季等雨播种，这样出苗快，易保全苗。一般选择 4 月中旬到五月上、中旬进行播种。

播种前要进行去芒处理，一般利用去芒机进行，也可将种子铺在晾晒场地上，厚为 5～7 厘米，用环形镇压器进行压切，然后在进行筛选。还要进行种子清选以保证播种材料纯净度高、粒大、饱满、整齐一致。种子清选的方法有风筛、比重清选、窝眼清选和表面特征清选四种方法。

在西藏地区根据土壤条件和种子质量，播种量要适当调整，一般披碱草播种量为 2～4 千克 / 亩。条播行距为 25～30 厘米，也可撒播。披碱草播种深度一般控制在 2～4 厘米，播种深度随土质不同而不同，轻质土播深为 4 厘米，中黏土播深为 3 厘米，重质土播深为 2 厘米。牧草出苗后，可根据出苗情况及时进行补播，以保证牧草稳定生长。

5.6.5　披碱草田间管理技术

披碱草从分蘖到抽穗期间需水量较大，所以在此期间要根据当地雨水情况及时进行灌溉。披碱草喜肥力强，二年生植株返青早，生长发育快，一年可收割 2 次，在每次收割后，施尿素 15～20 千克 / 亩为宜。披碱草幼苗期生长缓慢，易受杂草危害，要及时消灭杂草，可进行人工、机械物理除草和化学除草相结合消除杂草。披碱草应在抽穗期进行刈割，此时草质柔嫩，营养价值高，适口性良好。披碱草生长第一年只割 1 次，之后每年刈割 2 次。披碱草草地在刈割后留茬高度为 5～7 厘米为宜。披碱草播种的当年一般长势不好，不提倡放牧，如果牧草长势佳或缺草年份可在冬季土壤结冻后，有控制地轻度放牧。晚秋与早春严禁放牧，以免因牲畜贪青啃食造成破坏。刈牧兼用草地放牧利用时应划区轮牧，草高 15 厘米时，开始放牧，高度下降到 5 厘米时，停止放牧。切忌雨天高密度放牧，以免过度践踏造成草地损伤。

5.7　青饲玉米

5.7.1　来源与分布

随着畜牧产业化的快速发展，饲料饲草需求量日益增加，种植结构也由"粮食—经济作物"二元结构向"粮食—饲料—经济作物"三元结构转化。毋庸置疑，大力发展优质青饲玉米，对于调整农业种植结构，实现粮、饲、经三元结构的有机结合具有重要生产意义。

我国青饲青贮玉米（图 5-10）则处于刚起步阶段，在 20 世纪 80 年代前，我国没有青饲玉米品种，生产上大都用粮食品种生产青饲，因而产量低，质量差。但随着畜牧养殖业日益发展和一些高产优质青饲青贮品种的出现，青饲青贮玉米生产有了明显的改观，它也将逐渐成为玉米种植业的一个主导方向。

图 5-10　青饲玉米

　　目前，我国市场的青饲青贮饲料品种主要有中原单 32、农大 108、高油 115、农大 86 等（表 5-9）。通过从国内外引种试验表明，科青 1 号、科多 8 号、科多 1 号在西藏海拔 3 000～4 000 米的河谷农区均能生长，且科青 1 号且具有生长快、产量高、持绿期长等特点，适宜在西藏河谷农区推广种植，是结构调整的理想品种。建议在推广种植时全部采用地膜覆盖，种植密度为 6 000 株 / 亩，肥力高的地块种植密度还可提高到 8 000 株 / 亩；在避免晚霜的情况下尽可能提前播种。

表 5-9　青饲玉米十大新品种

品种	来源地	特性
中原单 32	中国农科院	根系发达，茎秆坚硬，抗倒伏，耐旱、高温、阴雨、冷害等。抗病力强，对矮花叶病、粗缩病、大小斑病、茎腐病、穗腐病、粒腐病等有很强抵抗力
辽单青贮 625	宁省农科院玉米研究所	高抗小斑病、大斑病，抗矮花叶病；中抗兹黑穗病和纹枯病
中农大青贮 67	中国农业大学	高抗小斑病、大斑病和矮花叶病；中抗纹枯病、兹黑穗病
中北青贮 410	山西北方种业股份有限公司	抗大斑病、小斑病和兹黑穗病，中抗纹枯病，矮花叶病

续表 5-9

品种	来源地	特性
奥玉青贮 5102	北京奥瑞金种业股份有限公司	高抗小斑病、兹黑穗病和矮花叶病；中抗大斑病、纹枯病
科青 1 号	中国科学院遗传所	持绿性强，抗倒伏极大、小叶斑病；品质好，适口性好
农大 108	中国农业大学	根系发达，茎秆坚韧，具有较强的抗倒伏、耐旱、耐涝、耐贫瘠能力，抗大、小叶斑病、黑穗病、褐斑病、青枯病等多种病害，活秆成熟
鲁单 981	山东省农业科学院玉米所	高抗大、小叶斑病、锈病、粗缩病、青枯病等，抗倒性强，活秆成熟，地区适应性强
辽原 2 号	辽宁省农科院玉米研究所	品质中等；抗大、小斑病、兹黑穗病、青枯病，抗倒伏
高油 647	中国农业大学	高抗大斑病、小斑病、效黑穗病、茎腐病和黑粉病，同时具有较强的抗旱性和保绿性，属于活秆成熟类型

5.7.2　形态特征

青饲玉米是禾本科一年生高产作物，青饲玉米并不指玉米品种，而是鉴于农业生产习惯对一类用途玉米的统称。青饲玉米与普通籽实玉米不同，主要区别如下。

①青饲玉米植株高大，最高可达 4 米，以生产鲜秸秆为主，而籽实玉米则以产玉米籽实为主。

②收获期不同：青饲玉米的最佳收获期为籽粒的乳熟末期至蜡熟前期，此时产量最高，营养价值也最好，而籽实玉米的收获期必须在完熟期以后。

③青饲玉米主要用于饲料，而籽实玉米除用于饲料外，还是重要的粮食和工业原料。

5.7.3　播种技术

青贮玉米需要较高的水肥条件，但又怕水涝，所以在选地时应注意选择耕层深厚、土质肥沃、病虫害较轻、有灌溉条件的壤土或沙壤土地块。

青贮玉米是深根性作物，常进行两次深耕细整。头年秋季深翻整地，耕

深 20～30 厘米，耕翻后不耙地，以使土壤充分熟化。春耕的深度宜浅，耕翻后必须立即整细土块，以利蓄水保墒。播前整地务求精细，要消除田块中的大小坷拉，拣除残茬，消除低洼地块，避免因坷拉、残茬而影响地膜覆盖质量，从而消除漏风、漏温等现象。

一般每亩施农家肥（腐熟粪肥或土杂肥）1 500～2 500 千克，底肥磷酸二胺 10～15 千克。

当 10 厘米地温稳定达到 8～10℃时，即为最佳播期，西藏地区寒冷，无霜期短，均采用地膜栽培，播期要适当晚些，各地方播种期要根据温度情况确定播种时间（表 5-10），以避免霜灾。

表 5-10　西藏不同地区青贮玉米播种期

地区	播种时期
拉萨河谷地区	4 月 15 日—5 月 20 日
日喀则	4 月 25 日—5 月 10 日
山南农区	4 月 15 日—5 月 20 日
藏东南林芝地区	3 月 20 日—5 月 30 日
昌都农区	3 月 20 日—5 月 30 日

注：一般根据西藏的降水特点，可以适时调整播种时间。

播种前要将种子摊晒在苇席或竹编中，连续晒 2～3 天。注意不可将种子直接摊在水泥地上曝晒或者用耖耙等翻动时损伤种子。晒种可提高出苗率 13%～28%，提早出苗 1～2 天，并减少黑穗病的发生。浸种可提高发芽率，出苗快而齐。方法是用温水浸种 6～12 小时，捞出后摊开晾干，至种子"露白"即可播种。

一般山南地区的青贮玉米播种量为 3 千克 / 亩；拉萨地区的青贮玉米播种量为 5 千克 / 亩左右；日喀则地区的青贮玉米播种量则为 6～7.5 千克 / 亩。推广使用机播时一定要平整好土地，清除大小坷拉，拣除残茬，避免因坷拉、残茬而影响地膜覆盖质量。人工打孔穴播，每穴 1～2 粒种子，然后覆土 5～6 厘米。一般在中、上等肥力条件，行株距以 30 厘米×30 厘米为宜，植株密度约为 6 000 株；中下等肥力条件下株行距为 25 厘米 × 40 厘米为宜，植株密度保持在 5 000 株左右。人工穴播有先覆膜后播种和先播种后覆膜，一般晚霜前播种可考虑先播种后覆膜，晚霜后播种采用先覆膜后播种。在一江两河地区大多都采用先覆膜后播种的方式，但在日喀则部分地区采用先播种后腹膜的方式，每亩地膜用量为 5 千克。

5.7.4　青饲玉米田间管理技术

在玉米出苗阶段如果存在板结、窝黄等现象要及时进行破膜放苗，以避免烧伤幼苗。放苗时应避免造成薄膜过分损坏，并及时培土压膜。出苗一周后及时观察出苗情况，如发现漏缺应及时补种（用温水泡种至种子露白时补种，一般 8～10 小时即可），补种后 3～5 天应及时查苗补水。2～3 叶期时应及时移苗补栽，并及时补水。3～4 叶期间苗，间苗应遵循留强去弱，留大去小的原则，每穴留两株健壮苗。4～5 叶期定苗，确定植株密度，保证产量，定苗追肥后要用土将放苗孔封死，培土，避免膜内空气流动，隔绝氧气，抑制杂草生长。

青贮玉米苗期较抗旱，拔节以后到抽穗、开花期需水量增加，第 1 次水在蹲苗结束后进行，大喇叭口期（约 14 叶期）灌第 2 次水，全生育期浇水 5～6 次，拔节与授粉时遇干旱应及时灌水。

玉米是高需肥作物，其产量的 70% 依赖于施肥获得，据试验，亩产 4 000 千克青饲玉米需氮量 25～30 千克（即尿素约 50～60 千克）。通常要施苗肥、拔节肥、穗肥。施肥深度约 10 厘米，肥与苗隔开 2～3 厘米，根据地力情况，每亩施尿素 5～10 千克，苗期追肥较轻，拔节肥稍重。喇叭口期是玉米需肥临界期，此时生长已到旺盛时期，须以全生育期施肥总量的 40% 的氮进行追肥，追肥可采取在植株根系旁打孔或开沟施肥，每亩施尿素 10～15 千克。

玉米田中的杂草种类繁多，大约有 130 种，隶属于 30 科，能够造成危害的杂草有 20% 左右，主要以一年生杂草为主。在西藏地区均采用人工除草的方式，主要结合中耕除草。

一般青贮玉米是在玉米的乳熟期至腊熟期进行收获，一般是在授粉后 40 天左右，此时雌穗苞叶干黄松散，植株含水量为 61%～68%。

5.8 苇状羊茅

5.8.1 来源与分布

苇状羊茅（图 5-11）原产于西欧，天然分布于苏联乌克兰的伏尔加河流域，北高加索，土库曼山地，西伯利亚，远东等地。我国新疆有野生，对我国北方暖温带的大部分地区及南方亚热带都能适应，是该地区建立人工草场及改良天然草场非常有前途的草种。

图 5-11　苇状羊茅

5.8.2 形态特征

多年生。植株较粗壮，秆直立，平滑无毛，高 80～100 厘米，径约 3 毫米，基部可达 5 毫米。叶鞘通常平滑无毛，稀基部粗糙；叶舌长 0.5～1 毫米，平截，纸质；叶片扁平，边缘内卷，上面粗糙，下面平滑，长 10～30 厘米，基生者长达 60 厘米，宽 4～8 厘米，基部具披针形且镰形弯曲而边缘无纤毛的叶耳，叶横切面具维管束 11～21，无泡状细胞，厚壁组织成束，与维管束相对立，上、下表皮均存在。圆锥花序疏松开展，长 20～30 厘米，分枝粗糙，每节具 2 稀 4～5，长 4～9 厘米或 4～13 厘米，下部 1/3 裸露，中、上部着生多数小穗；小穗轴微粗糙；小穗绿色带紫色，成熟后呈麦秆黄色，长 10～13 毫米，含 4～5 小花；颖片披针形，顶端尖或渐尖，边缘宽膜质，第 1 颖具 1 脉，长为 3.5～6 毫米，第 2 颖具 3 脉，长为 5～7 毫米；外稃背部上部及边缘粗糙，顶端无芒或具短尖，第 1 外稃长 8～9 毫米；内稃稍短于外稃，两脊具纤毛；花药长约 4 毫米；子房顶端无毛；颖果长约 3.5 毫米。花期 7—9 月。染色体 2 n=28，42，70（Tischler 1934），40（Evans G. 1926）。

植株高度为 80～180 厘米，茎秆成疏丛状，直立光滑，叶鞘大多光滑无毛；叶片线形，先端长渐尖，背面光滑，上面及边缘粗糙，大多扁平；圆锥花序开展，直立或垂头，小穗长为 10～13 毫米，含花 4～5 朵，绿而带淡紫色；颖片披针形，无毛，先端渐尖。种子千粒重 2.5 克左右。

5.8.3 生长习性

苇状羊茅是适应性最广泛的植物之一。它能够在多种气候条件下和生态环境中生长。抗寒又能耐热，耐干旱又能耐潮湿，在冬季 −15℃ 的条件下可安全越冬，夏季可耐 38℃ 的高温，除砂土和轻质土壤外，苇状羊茅可在多种类型的土壤上生长，有一定的耐盐能力，可耐的 pH 为 4.7～9.5。但苇状羊茅最适宜在年降水量为 450 毫米以上和海拔 1 500 米以下的温暖湿润地区生长，在肥沃，潮湿，粘重的土壤上最繁茂，最适的 pH 为 5.7～6.0。苇状羊茅长势旺盛，生长迅速，发育正常，春季返青早，秋季可经受 1～2 次初霜冷冻。每年可生长 270～280 天，一般种子产量为 25～35 千克 / 亩，种子千粒重为 2.51 克，每斤种子 19.5 万粒。

适宜于在各种土壤上生长。耐湿，耐寒、耐旱、耐热；并耐酸、耐盐碱。在 pH 4.7～9.5 的土壤上均可生长，在肥沃、潮湿、黏重的土壤上生长最佳。春、秋两季均可播种，每公顷播种量为 15～22.5 千克，可与白三叶、红三叶、紫红苜蓿、沙打旺混播利用。鲜草每公顷产量为 38～45 吨，生产至第 3 年，可达 45～53 吨。种子每公顷产量为 600～750 千克。植株含干物质 29.6%，粗蛋白 4.5%，粗脂肪 0.5%，粗纤维 8.0%，无氮浸出物 13.4%，灰分 3.2%。

5.8.4 播种技术

由于苇状羊茅须根系发达，多分布于 10～15 厘米的土层中，故整地时要深耕细耙。整地通常可在播种前几天或 1 至数月进行，翻耕时可用圆盘耙、缺口耙、犁等进行，翻耕深度为 30～50 厘米，再细耙 1～2 次。

种植苇状羊茅前要施足基肥，基肥以农家肥为主，施用量为 500～1 500 千克 / 亩，磷酸二铵 10～15 千克 / 亩。

在西藏地区，一般适宜在 4 月底至 5 月中旬播种，地温达到 5～6℃ 时，播种后 6～10 天内正常出苗，随后雨季来临，牧草幼苗生长发育迅速并一致。

选用纯度高、净度高、发芽率高、千粒重大的优质种子。

苇状羊茅播种量的确定与种子纯度、净度、发芽率、播种方法、土壤条

件、整地质量以及利用目的等方面有密切关系。总的原则是种子质量好的，宜少，反之宜多；条播宜少，撒播宜多；整地质量好的，宜少，反之宜多。

西藏河谷地区特殊的地域和环境条件致使其土壤质量总体不高。一般刈草地条播播种量为 4 千克／亩，撒播播种量为 4.5～5 千克／亩。

播种时可采用条播或者撒播方式，条播时种植密度应根据利用目的而定，刈草草地，一般行距为 20～25 厘米，；收种地播种密度稍稀，行距为 25～30 厘米为宜。撒播时要求精细整地，种子要尽可能均匀撒在土壤表面，播后最好进行镇压，播种量要加大。

条播时，播种深度控制为 2～3 厘米；撒播时，种子均匀撒播在土壤表面后，用钉耙耙均，覆土控制为 1～2 厘米，最好进行镇压，以保持土壤墒情，利于牧草出苗。在牧草出苗后 15～20 天，根据出苗的情况及时进行补播。

5.8.5　苇状羊茅田间管理技术

苇状羊茅关键的灌水时期为播前水、播种水、出苗水、拔节期水、返青水、刈割后水和越冬水。

追肥主要以无机肥为主，在西藏主要施用尿素和磷酸二铵。苇状羊茅在每次刈割利用后，要及时追施速效氮肥，一般追施尿素为 10～15 千克／亩。

苇状羊茅可在生长早期即强烈分蘖或分枝以前采用早锄和浅锄的方式除杂草；在长到分蘖、分枝盛期时采用深锄的方式除草；夏末可在大多数杂草结籽并且未成熟前进行刈割，可有效防除一年生杂草和以种子繁殖的多年生杂草。

一般在拔节期或株高为 20～25 厘米时进行放牧，也可在春季、晚秋以及收种后的再生草进行放牧，但要适度。

刈割次数一般根据当地的气候条件和利用目的不同进行调整。牧草生物质积累与 ≥5℃ 积温有密切关系，只有当积温达到一定量时，牧草生育期、生物量等才可完成。一次刈割 2 次，一般 7 月初割第 1 次，10 月中旬割第 2 次。刈割时期严格控制在初花以前，青饲以分蘖盛期刈割为宜，晒制干草可在抽穗期（初花期）刈割。苇状羊茅刈割时留茬高度以 5 厘米为宜，过高既降低刈割产量，又继续消耗根部积累的养分，影响再生草的生长；过低易损伤再生苗，推迟再生苗的出现和生长。

第6章

西藏河谷区饲草栽培技术研究

　　人工草场是在综合农业技术支持下建植的植被群落，具有创造新的草地生产力与改善草地生态环境的双重功效。人工草场的生产力受到可利用水、养分和热的限制，这决定了水、养分和热在人工草地生态系统研究中的重要地位。当受到水、养分或气候的限制时，植物就会通过适当地改变其生物量分配和形态特征来提高其生存适合度和竞争能力。植物在不同生境下一般会表现出不同的形态适应特征。植物局部特化的生物量分配格局和形态特征对资源异质性的响应是植物种群克服环境异质性的重要途径之一。植物形态对资源异质性的响应是植物在异质和变化的环境中存活和提高竞争力所必需的。不同环境条件下，植物不同表型结构对环境选择做出反应，在植物生长与繁殖，种群生存与维持等功能方面实现种群个体各器官生物量投资的优化配置来适应多样化的环境。植物构件生长是更高层次的形态响应，特别是在幼苗期，面对同样的资源条件，形态响应能力较强的物种对生境条件具有更强的适应性，资源可获得性也强，因而其幼苗也具有更大的竞争存活优势。研究表明，植物的形态变化主要是由其所在生境的资源异质性引起，主要包括水分、养分、光照、温度等环境因素对草地的物种丰富度有着重要的影响，而环境因素的异质性是影响高海拔地区物种生长的主要环境因子。

　　添加养分和提高土壤水分作为干扰手段，通过改变人工草地土壤中的有效资源影响植物地下及地上部分的生长，促进牧草分蘖、分枝、增加光合强度，使单位面积产量显著增加。进入土壤中的水肥数量和时间各异，影响土壤水肥的转化、运输、损失和植物的吸收、利用。一般来说，在一定范围内随着水肥量的增加，牧草作物产量明显增加，但水肥利用率显著降低，主要的原因就是土壤—植物系统中的肥料通过各种转化和移动，离开系统损失掉了。中共中央、国务院在 2012 年"中央一号"文件中明确提出要"构建适应高产、优质、高效、生态、安全农业发展要求的技术体系"，因此，如何既保证高效的生产供应又保护良好的环境质量、提高化水肥利用效率，农学、生态学和环境科学研究中面临的一个亟待解决的重大课题。近些年来人工草地生产由单一的增产目标向"持续增产＋提高土壤肥力＋降低环境效应"协调的多目标方向发展，人工草地生态系的多功能作用与多目标管理不断强化，传统的研究方法显然已不能满足复杂系统下多功能需求的研究目标。随着系统科学的发展，对人工草地生态系统的研究方法和研究角度趋向于从整个生态系统角度去揭示和分析其动态规律，利用系统的方法综合分析人工草地生态系统的环境因子（水、养分和气候）与人工草地生产力发展水平，更好地反映人工草地生态系统的复杂性与时空变异性。

　　西藏高原地区复杂多样的地形地貌，这使其成为一个独特的自然地域单元。独特的气候条件、不同的水肥措施，将会使植物不同表型结构产生何种表现，在植物生长与繁殖，种群生存与维持等功能方面如何实现种群个体各器官生物量投资的优化配置，这是我们所不知且好奇的。如何在气候波动背景下通过水、养分干预手段加强草地资源利用，对推广西藏河谷区饲草栽培技术至关重要。

6.1 牧草种植的影响因素

　　牧草是家畜的饲料，要发展高效畜牧业就必须有优良的牧草资源作保障。近年来，随着农业结构调整的不断推进以及畜牧业的快速发展，牧草及饲料的需求量日益增加，种植面积也逐年增大。选用适合不同自然条件、产量高、品质好的牧草已成为成功建植人工草地、发展畜牧业的关键所在。牧草品种繁多，每一个品种都有一定的地域适应性，加之我国幅员辽阔，气候、土壤、资源、环境状况悬殊，种植模式不宜趋同。同时主观需求的不同也会造成牧草种植上的选择不同。所以在进行人工牧草种植之前，合理地分析相关影响因素（包括主观人为因素和客观环境因素），从而选择出适宜的牧草品种和种植方式，是人工牧草种植的先决条件。

6.1.1　影响牧草生长的环境因素

1. 气候条件

　　我国地域广阔，气候差别较大，而不同的牧草品种对气候有不同的要求。在选择牧草时，违反自然规律，其生产力就会下降，甚至不能正常生长。一般说来，寒冷地区可选择种植耐寒的紫花苜蓿、聚合草、鲁梅克斯 K-1 杂交酸模、草木樨、冬牧 -70 黑麦草、无芒雀麦、串叶松香草、沙打旺等；炎热地区可种植串叶松香草、苏丹草、苦荬菜、柱花草、白三叶草等；干旱地区可种植耐旱的紫花苜蓿、苏丹草、沙打旺、羊草、无芒雀麦、披碱草、鲁梅克斯 K-1 杂交酸模等；温暖湿润地区可种植黑麦草、苏丹草、饲用玉米、白三叶、串叶松香草、苦荬菜、聚合草、象草、皇竹草等。聚合草、鲁梅克斯 K-1 杂交酸模、紫花苜蓿耐热性较差，高温多雨地区很难种植成功。象草、皇竹草在北方地区很难保种，仅能作为一年生牧草种植利用。

2. 土壤状况

　　不同牧草品种，对土壤的酸碱适应性也有差异，有的牧草耐瘠性强，有的牧草喜大肥大水栽培。碱性土壤可选种耐碱的紫花苜蓿、冬牧 -70 黑麦草、串叶松香草、沙打旺、鲁梅克斯 K-1 杂交酸模、草木樨、苏丹草、羊草、无芒雀麦、披碱草等；酸性土壤宜选种耐酸的串叶松香草、白三叶、扁穗牛鞭草、二色胡枝子、铁扫帚、圆叶决明等；贫瘠土壤可选种沙打旺、紫花苜蓿、草木樨、无芒雀麦、披碱草等；土壤湿度大的可选种白三叶、草木樨、披碱草、柱花草等。例如，鲁梅克斯 K-1 杂交酸模适宜水肥条件好的酸性土壤，籽粒苋喜温、不耐旱、不耐寒，而且不能重茬种植。

3. 当地资源开发状况

　　我国野生牧草资源丰富，各地利用差别较大。当可利用的野生青草主要为禾本科时，应适当种植一些豆科牧草；当可利用的野生青草主要为豆科时，应适当种植一些禾本科牧草。特别是饲养反刍家畜更应如此。野生牧草的生

命力和抗逆性强，适应性广，但我国目前推广的牧草是经人工培育来专门饲喂畜禽的，适应性远不如野生牧草，但营养价值和产量都是野生牧草所望尘莫及的。在零星空闲地种草，如沟边、塘边、路边、堤边等空隙地，因水肥条件差，应选用耐旱、耐瘠牧草种植。果草套作，房前屋后种草，宜选用耐阴牧草种植。

6.1.2 影响牧草选种的主观因素

1. 畜禽养殖种类

一般来说，反刍家畜喜食植株高大、粗纤维含量相对较多的牧草，如饲用玉米、皇竹草、象草、羊草、苏丹草、无芒雀麦、披碱草等。而猪、鸡、鹅、兔则喜食蛋白质含量较高、叶多柔嫩的牧草，如菊苣、聚合草、三叶草、细绿萍、俄菜、苦荬菜、鹅头稗等。此外，紫花苜蓿、冬牧 -70 黑麦草、黑麦草、鲁梅克斯 K-1 杂交酸模、串叶松香草、美国籽粒苋等，适用于所有畜禽。其中，苏丹草、黑麦草也是养鱼的好饲料，籽粒苋较适用于养猪，苦荬菜较适用于养鹅。

2. 牧草加工方式

牧草利用的方式有青饲、青贮、晒制干草或加工草粉、放牧等。在生产中，若以收获青绿饲料来青饲，青贮为目的或晒制干草，应以牧草的生物产量高低作为考虑。此外，牧草的抗病性，抗倒伏性，是否耐刈割等也应考虑。一般选择初期生长良好，短期收获量一般在 45～60 吨 / 公顷，高者达 150 吨以上，若以人工草场业放牧，在考虑牧草丰产性的同时，应优先考虑再生能力强、密度大的品种，如多年生黑麦草、鸭茅、苇状羊茅、牛尾草等。这类牧草的生产量季节性变化较平稳，而且耐践踏，有较好的再生性。若以加工商品牧草，应选择紫花苜蓿、羊草、苏丹草、多年生黑麦草、燕麦、狗牙根等。

3. 适栽季节

农民种植牧草，要依据饲养畜禽的种类和数量，按照长短结合，周年四季合理供应原则选择牧草品种，并有计划地将多种牧草搭配种植，以确保全年各月牧草的总量供应能满足畜禽的需要，实现常年供草。在温暖春季可选择利用黑麦草、红三叶、白三叶、紫花苜蓿等，在炎热的夏季可选择利用苏丹草、串叶松香草、苦荬菜、柱花草等，在寒冷的冬季可选择种冬牧 -70 黑麦草、多花黑麦草、大中华冬牧草、紫云英等。

4. 品质及适口性

牧草的品质主要是指粗蛋白含量、消化率、适口性等。豆科牧草含有较高的蛋白质和钙，分别占干物质的 18%～24% 和 0.90%～2%，其他矿物质元素和维生素含量也较高，适口性好，易消化；主要缺点是叶子干燥时容易脱落，调制干草时养分容易损失，在饲养反刍家畜时，采食单一豆科牧草而易发生膨胀病。禾本科牧草富含无氮浸出物，在干物质中粗蛋白质的含量为 10%～15%，不及豆科牧草，但其适口性好，没有不良气味，家畜都很爱吃。同时禾本科牧草容易调制干草和保存，而践踏力和再生能力强，适于放牧和多次刈割利用。菊科牧草串叶松香草的粗蛋白含量为 25%～30%。因其叶多有茸毛，存在适口性问题，饲喂时需逐步驯化，蓼科牧草鲁梅克斯 K-1 杂交酸模的粗蛋白为 30%～34%，但蛋白质的消化利用率不高，又因有单宁，影响适口性，长时间饲喂畜禽产生厌食，仔猪、仔兔吃多了都会引起拉稀。有的牧草还有一定的药用价值，如苦荬菜的茎叶，柔嫩多汁、味微苦，性甘凉，畜禽很好吃，长期饲用可减少肠道疾病的发生。

5. 多种牧草互补搭配

为夺取牧草的高产和均衡供应，可采取喜寒性牧草和喜温性牧草轮作，越年生牧草与多年生牧草套种和两种以上牧草混播。例如，秋季种植一年生黑麦草，黑麦草结束后种植美洲狼尾草，狼尾草结束后，种植一年生黑麦草，循环往复。多年生牧草多数在 10 月底枯萎，翌年 4 月进入繁茂期。如串叶松香草、鲁梅克斯 K-1 杂交酸模的行距在 0.5 米以上，可在其间套种多花黑麦草、冬牧 -70 黑麦草等越年生牧草。禾本科牧草还可利用豆科牧草根瘤菌提供的氮素，因此可显著提高牧草产量。同时，在饲养反刍家畜时，还可防止因采食豆科牧草而发生膨胀病。常用的混播组合有苇状羊茅与白三叶或紫花苜蓿、苏丹草与红三叶、无芒雀麦与紫花苜蓿、草木樨与黑麦草、白三叶与狗牙根、多年生黑麦草与白三叶等。

总而言之，西藏的气候条件，牧草地区的土壤状况以及西藏地区各种资源的开发情况都会影响到牧草生长。此外，牧草的选种也受诸多因素的影响，如草地的畜禽养殖种类、牧草的加工方式、牧草的适栽季节、品质和适口性以及多种牧草相互搭配等。

6.2 牧草种植对环境的影响

6.2.1 牧草种植与土地资源

草原资源是土地资源的一种表现形式，是土地资源的一种类型，土地是草原植被的载体，是牧草种植的一个重要成分，牧草种植与土地资源是资源利用的协调关系。土地利用结构对农业和草原资源的可持续发展具有深刻的影响。在人类对地球生物圈的干预发生明显作用以前，原生草地面积估计占地球陆地面积的40%～50%，经人类耕作、放牧等农业生产活动的影响，有的被开垦为农田，有的退化为荒漠，草地面积日渐缩小。19世纪末以来，稳定在陆地面积的22%～24%。如果将疏林地和耕地中的牧草地计算在内，则全世界的草地面积约占地球陆地面积的一半。草地因转作他用（耕地、城市用地和森林）和逐步退化的面积，不断由宝贵生态系统变为草场（如砍伐森林）而得到补偿。

土壤是牧草种植生产的基础，草原在土壤形成和维持土壤功能上有重要作用。它对促进岩石风化和有机质积累，保持和提高土壤的生态功能意义重大。草地植被的根系和凋落物给土壤增加有机质，形成团粒，改善土壤结构，增强成土作用，提高土壤肥力，使土壤向良性的方向发展。据研究，高寒草甸类草原珠芽蓼和线叶蒿在0～50厘米土层中的根量每公顷分别为52 200千克和47 400千克，其氮素含量分别为657.72千克和815.28千克，这些物质在土壤微生物的作用下，可改善土壤理化性质。草地土壤中有数量极多、生物量很大的土壤微生物和土壤动物，可以使土壤有机质不断积累，提高有机质含量。

草原是重要的碳库和氮库，在草地生态系统中，草地土壤的碳贮量约占草地总碳贮量的 89.4%，草地开垦为农田会使土壤碳素总量损失 30%～50%，而过度放牧是影响草地生态系统土壤有机碳含量的最主要因素。草原有更高的固氮能力和氮转化效率。草地中的豆科牧草，根系上生长大量的根瘤菌，具有固定空气中的游离氮素的能力，可为草地生态系统提供大量氮肥。豆科牧草为主的草地，平均每公顷每年可固定空气中的氮素 150～200 千克，如生长 3 年的紫花苜蓿草地可形成氮素 150 千克，相当于 330 千克的尿素，形成磷 45 千克。在苜蓿根系中，营养要素含量为：氮 2%，磷 0.7%，钾 0.9%，钙 1.3%，比谷类作物根系含量高 3～7 倍。Mosier A D 的研究表明，美国科罗拉多州东北的矮草草原开垦后，N_2O 的释放量比临近的小麦地增加 0.191 千克 /（公顷·年）；与此相反，开垦后的矮草草地土壤对 CH_4 的吸收量减少约 50%。

西藏境内土壤类型众多、性状殊异，是西藏草地类型多样、质量变化差别较大的重要原因。由于高寒低温气候的抑制，草原土壤中微生物活动强度很弱，土壤有机质分解速度很慢，腐殖化作用普遍较弱，同时由于土壤发育历史的年轻性，决定了西藏大部分高寒草地土壤抗御外界干扰的能力低，易受侵蚀危害的生态脆弱性，是西藏多数草地耐牧性能较差、较易退化的重要内因之一。

牧草种植作为西藏主要的土地利用类型，对于提高畜牧业经济发展、维护高原生态安全具有不可替代的作用。研究表明，西藏草地总碳贮量为 189.367×10^9 千克，平均碳密度为 2 307.895 千克 / 公顷，虽然碳贮量仅相当于森林的 54.666%，但高寒草甸二氧化碳排放通量随退化程度的加剧而逐渐提高，生态效益尤为重要。西藏种植牧草的总价值为 11 883.63 亿元，而由于不利自然条件和超载过牧、滥垦滥挖等影响下，造成草地退化损失的价值为 2 376.726 亿元，年草地退化损失为 297.091 亿元。草畜矛盾的加剧要求改变现有的饲草供需体系，粮草争地的困境唤醒人们重思合理的农业生产模式，而其中的核心就在于土地利用结构和方式。因此，提高牧草种植效益，推动土地利用结构转变，提高人工草地生产力水平，成为西藏农牧业结构调整的重要方向。

6.2.2　牧草种植与水资源

牧草种植与水资源关系密切，草原水资源是草原一切生物赖以生存和发展的基本条件。水是植物光合作用的基本材料，在光合作用过程中，水释放出氧，提供氢，成为有机界与无机界之间联系的纽带。通过光合作用，草地生产出初级产品牧草，平均每生产 1 千克牧草干物质需要蒸腾掉 1 000 千克水，野生牧草的蒸腾系数比栽培品种的牧草高，如非洲荒漠的短生植物平均 1 409，内蒙古的羊草为 2 029，而三叶草为 640，苜蓿为 840。水是生物有机体的主要组成成分，植物体含水量通常达 60%～90%，哺乳动物为 55%～60%。水是维持动植物体形的物质，同时通过排泄和蒸腾水分调节体温。缺水比缺营养物质更容易给动植物带来危害，饮水不足可使畜产品减产 50% 以上，而干旱地区在有充分饮水保证的情况下，放牧家畜的生产力可提高 25%～40%，绵羊的剪毛量可提高 10%～12%。

牧草和土壤可以吸收和阻截降水，延缓径流的流速，渗入土中的水通过无数的小通道继续下渗转变成地下水，构成地下径流，逐渐补给江河的水流，起到了水源涵养的作用。具有大量苔藓的高寒灌丛草甸，植物的截流、持水量和土壤的吸收水分能力很强，在融冰期不断有水渗出，表现了很高的水源涵养能力。沼泽具有很高的持水能力，是巨大的蓄水库，能够削减洪峰的形成和规模，为江河和溪流提供水源。草地抵御水蚀的能力体现在草地植被能有效削减雨滴对土壤的冲击破坏作用；促进降雨入渗，阻挡和减少径流的产生；根系对土体有良好的穿插、缠绕、网络、固结作用，防治土壤冲刷；增加土壤有机质，改良土壤结构，提高草地抗蚀能力。据测定，在相同的气候条件下，草地土壤含水量较裸地高出 90% 以上。在黄土高原水土流失区，农田比草地的水土流失量高 40～100 倍；种草的坡地与不种草的坡地相比，地表径流量可减少 47%，冲刷量减少 77%；小麦、高粱、休耕地和原生草地的土壤侵蚀量对比研究表明，原生草地的土壤侵蚀量几乎微不足道，而麦地的土壤侵蚀量则达到近 1 200 千克 / 公顷，高粱地的土壤侵蚀量超过 2 700 千克 / 公顷，休耕地的土壤侵蚀量也达到 1 700 千克 / 公顷。生长 2 年的草地拦截地表径流和含沙能力分别为 54% 和 70.3%，是生长 3～8 年的林地拦截地表径流

和含沙能力的 58.8% 和 288.5%。

　　青藏高原草原区是长江、黄河、雅鲁藏布江等大江大河的发源地，是我国水源涵养、水土保持的核心区，享有中华民族"水塔"之称。该区域以高寒草原为主，生态系统极度脆弱，由于超载过牧、乱采滥挖草原野生植物、无序开采矿产资源等因素影响，草原退化，涵养水源功能减弱，大量泥沙流失，直接影响江河中下游的生态环境和经济社会可持续发展。西藏作为青藏高原草原区的重要组成，水资源丰富，每亩草地平均占有水量达 286 米³/年。但空间分布上差异极大，林芝地区草地面积仅占全区的 2.9%，年产水量约占全区的 55%；"一江两河" 18 个县的地区，年产水量仅占全区的 6.7%，草地面积占西藏的 6.4%；藏西北地区占有幅员辽阔的草地，但当地的径流深一般在50 毫米以下，有些地区还不足 10 毫米，地表水资源相当匮乏。西藏水资源的这一分布规律，与草地资源分布的特点极不适应，水资源丰富的地区，草地资源有限；相反，水资源贫乏的地区，而草地资源又十分丰富，形成大面积的缺水草地，影响畜牧业的发展。尽管如此，西藏草原资源具有非常重要的生态保护功能。西藏高原草地的蓄水能力平均为 626.75 米³/（公顷·年），草地保土价值 27.975 亿元/年，蓄水总价值为 251.12 亿元/年。

6.2.3　牧草种植与农业资源

　　草原资源是农业资源的重要组成部分，牧草种植与农业资源的关系集中体现在牧草与耕地之间的作用和矛盾之中。土地利用结构的合理调整，可促使牧草种植与农业资源的和谐发展。早在 19 世纪末，当欧洲人看到谷物产量开始下降时便意识到没有牧草和畜牧业的农业是不完备的农业，于是他们开始注重牧草和饲料作物的栽培，并大力推行粮草轮作。随后，前苏联著名农学家威廉士进一步明确提出，草粮轮作是一种合理的耕作制度。他指出：如果没有动物饲养参加，不论从技术方面还是经济方面来看，要合理地组织植物栽培业是不可能的。20 世纪 30 年代以来，草地农业在世界各国得到了长足的发展。20 世纪 80 年代末，随着高效持续农业理论的提出，澳大利亚政府根据当地资源特点、气候特征以及市场经济发展需求，在依靠科技创新的前提下，实施农牧紧密结合、资源有效利用的草地生态农业。

　　农业生产活动是自然资源分配与人类活动调控二者共同作用的复杂过程，通过人类有效的调控进而实现经济收益最大化、自然生态系统受损最小化是现代农业所追求的目标。20世纪90年代以来，我国农业政策施行"以粮为纲"，粮食生产基本上是靠大量的化肥投入支撑，衍生一系列问题：大量投入化肥，导致生产成本上升；土壤板结，地力下降；化肥利用率低（仅有35%左右），大量的氮、磷、钾营养元素流失或渗入地下，造成地下水硝酸盐含量过高，或形成地表水造成水体富营养化；农业大量消耗化肥的背后是大量能源和矿产资源的消耗。同时粮食生产的整体收益率呈逐年下行趋势。这条"资源—粮食—污染"的"石油"农业系统已经难以为继。据统计，2000年全国农业用水占总量的80%，其中灌溉用水量占总用水量的67%。半个世纪以来，全国水土流失毁掉耕地266.7多万公顷，土壤流失总量50多亿吨，粮食主产区受重金属污染的耕地面积近0.1亿公顷，传统耕地农业的耕地用养失调，引起耕地质量下降，粮田土壤有机质普遍下降0.5%。而农田种植牧草可增强种植业和养殖业间的物质循环利用，提高系统内物质与能量的转化率，减少系统废物的产生，从而改善环境，提高土壤肥力。

　　草地农业是土—草—畜三位一体或者前植物生产层—植物生产层—动物生产层—外生物生产层多层结合的整体农业，从太阳能到植物生产、动物生产、产品加工的物质再生产过程，生产流程很长，转化环节很多，要使整个系统持久、高效地运行，就要通过系统各因子在时、空、种多维优化以及系统耦合的基础上，使各层次乃致整个系统及其与外界的物质转化和能量流动疏理畅通、高效有序，如通过轮复套种、立体种养、种养加结合、资源综合利用等措施，使物质、能量流转取向合理，减少流程中的阻滞、中断和浪费，从而提高整个系统的物能转化力和生态生产力。通过草田轮作，将牧草引入农田系统，可增强农田系统自身的弹性，增加稳定性，在保证食物安全生产的前提下，土地生产水平可提高20%～100%。

　　研究表明，中国西部地区人工草地介入生产系统，可以把日光能利用率提高30%，提高土地利用率和劳动生产率1倍以上，提高水分利用率17%～30%。轮作的草地也是粮食产量的调节器。粮食盈余时，多种牧草；粮食亏缺时，将草地改为粮田，一年之内就能产出粮食，实现"藏粮于草"。同时发展饲草地农业也是解决缺粮问题的良方。发达国家除了有大量的天然草原外，有 30%～40% 的农田种草，创造的产值相当或高于农作物，草食家畜产值所占农业总产值的比重都在 50% 以上，甚至高达 90%，生产 1 吨牛羊肉等于生产 8 吨粮食。西欧牧草生产水平达到每公顷生产干物质 10～12 吨，美国以苜蓿为主体的干草产值在所有农产品中仅次于玉米居第 2 位。辽宁省的试验结果表明，在同等地力和管理条件下，种植紫花苜蓿平均每公顷收干草 7.5 吨以上，比种植玉米多收入 750～1 500 元，种植 2～3 年豆科牧草后土壤含氮量增加 20%～30%。大力发展农区草地农业，对于解决"三农"问题，保护生态环境，实现可持续发展，有着重要的战略意义。

西藏地区光热资源丰富，农田生产潜力很大，但远没有发挥出来。由于多年来一直以粮食作物为主导，农田种植结构单一，而且多年连作和偏施化肥，降低了农田的物种和生境多样性，农田生物的自我与养分循环机制严重受阻，导致农田地力下降与耕地退化。因此需要进一步加强农田粮、经、饲作物的轮作与间套作、农牧结合、立体种植等农田复合生态系统生物配置模式与关键技术的研究与应用，促进农田生态系统的自我循环和稳定性。

资料与调查表明，西藏河谷农区群众通过长期生产实践，在利用作物收获后的余热方面积累了一定的经验，如在曲水、尼木、林芝等县的群众就有复种芜根的习惯，在左贡、芒康、隆子等地群众有复种芜根和荞麦的习惯。复种优质饲料作物，可以保证小麦生产的同时，向农区畜牧业的发展提供优质饲料。据测定，青稞、豆科绿肥复种的根茬有良好的培肥效果。0～20 厘米耕层内有机质比对照田增加 0.035%，全氮增加 0.004%，速效氮增加 17.5 毫克/千克，含水量增加 3.82%，土壤容重减轻 0.08～0.22 克/米^3，土壤总孔隙度增加 9.6% 和 28.9%。复种绿肥的后茬种植青稞，比对照田增产 18.5%～32.5%。

土地长期实行免耕加秸秆覆盖技术可有效地增加耕作层微生物和有机质的含量，提高土壤肥力。长期免耕表层土（0～5 厘米）土壤微生物量碳、氮、磷的含量比亚表层土（5～10 厘米）分别高 27%、43% 和 11%，与常规翻耕相比长期免耕处理表土层土壤微生物量碳、氮含量分别增加了 25.4% 和 45.4%。西藏土壤发育较晚，耕作层熟化度较低，加之耕作制度不合理（主要

是缺乏轮作倒茬制度，秸秆和牲畜大便多作为燃料还田较少，化肥品种使用单一），土壤已出现极度缺氮、缺钾的现象。

西藏种植业在全国不具备比较优势，只是具有地方意义的农业生产部门。因此，必须纠正以往普遍认为西藏因具有种植海拔线高、光温生产潜力大、粮食单产水平高等粮食生产优势，进而种植业发展尤其是粮食生产应该完全走自力更生、自给自足的发展道路。现时的农业结构调整或农区畜牧业发展战略的实施其内在核心就在于减少粮食尤其是小麦生产能力，通过扩大经济作物和青饲料的播种面积，实现单一的粮食生产系统向草地农业耦合生产系统的转变，藏粮于草，充分发挥农业内部的食物系统潜力，满足居民膳食结构中对蔬菜、油料和肉蛋奶等需求的增长。同时随着青藏铁路的运营，从内地调运粮食的运输成本大为降低，应逐步强化西藏粮食市场的自我调控能力，逐渐减轻政府在粮食补贴、保护价等多种优惠方面的干涉力度，使西藏的种植业向多元化方向迈进。在满足西藏人口基本口粮的情况下，目前可调整40%左右的耕地用于生产草产品饲料，按照中科院拉萨生态站在山南、日喀则和拉萨三地市的牧草规模化栽培试验，以当前农牧民所能掌握的技术和生产资料、劳动力投入中等水平估算，青饲玉米单产完全可以达到 12 000 千克 /公顷，紫花苜蓿、燕麦、黑麦草等其他牧草的单产平均可达 5 250 千克 / 公顷，与天然草地相比具有百倍的优势，表现出了巨大潜力。

6.2.4　牧草种植与森林资源

草原和林地是不同的土地类型，它们之间存在过渡和交叉。在我国陆地生态系统中，草原生态系统和森林生态系统是联系最密切、功能最相近的两个系统。草原和森林共同构建了立体的和水平的生态系统保护的绿色屏障，科学地研究和分析草原与森林的生态功能，根据各自生态系统的发生发展过程，因地制宜地确定草、灌、乔的合理配置原则，宜林则林、宜草则草、宜灌则灌、宜林灌草相结合，则林灌草相结合，从而构建高效林草复合系统。

林草间作可以增加光合面积（增加覆盖度）和光合时间（林草返青时间和枯黄时间不同，起到了延长光合时间的作用），提高光能利用率，特别利用豆科作物的生物学特性，发挥林草之间的互作效应，提高林草植被和土地的生产能力。林草（果）间作可以促进林木速生快长，提高木材蓄积量和果品产量，同时林间放牧可以调节林草平衡，消除杂草过茂对林木的抑制，提高林木或果树的透气性。果草间作，可以提高产量，增加产值，培育土壤肥力。

广东揭西县 1993 年开始在柑橘林间种植豆科牧草花柱草等，2 年后测定，土壤有机质由原来的 0.429% 增至 0.860%，含氮由 0.049% 增至 0.054%。果园杂草被控制，病虫害减少，优质牧草晒制成草粉，产量达 7 000 千克 / 公顷，产值达 4 000 元 / 公顷，同时豆科牧草可用于喂养畜禽。林草结合有利于防风固沙，保持水土，涵养水源，净化空气，提高植被覆盖度，解决贫困山区群众燃料、饲料、肥料短缺的问题。

地处水土流失区的山西右玉县是全国造林模范县，近 30 年来营造了大量林地和大型防风林带，森林覆盖率达 45% 以上，但由于雨少土瘠，树木生长缓慢，每公顷土地仅积蓄木材 0.3 米 ^{2}，水土流失仍未得到控制。20 世纪 80 年代中期，该县注重发展林区草业农业，通过留壮除残加大行距，在林间种植沙打旺等豆科牧草，形成林带草带交替分布，2 年后林间植被盖度由 40% 提高到 93.8%，水土流失量减少 70%，林木生长加快，牧草产量提高 14 倍，大畜出栏率增长 24.7%，小畜增长 15.3%。

草地和林地构建的防护体系不仅具有截留降水的功能，而且具有较强的多层次渗透性和保水能力。5～8 年生的林地拦蓄地表径流的能力为 34%，而生长 2 年的草原拦蓄地表径流的能力为 54%。在一定条件下，草原固沙的能力比林地高 3.4 倍。草原涵养水源的能力比森林高 0.5～3 倍，而在适宜林木生长地区，林草结合的植被体系更可成倍提高水土涵养保持能力。陕西延安、榆林地区、甘肃定西地区过去造林困难，饲料、燃料、肥料短缺，人民生活贫困，水土流失严重，近几年来实行草灌先行、改土造林、林牧结合的方针，加快了绿化和治理水土流失步伐，解决了群众"三料"问题，大大改善了当地生态环境和生活条件。

西藏是我国重要的国有林区之一，森林植物组成丰富、区系成分复杂、单位面积上木材蓄积量巨大，但森林覆被率低，水平分布极不均匀，且森林垂直分带明显，具有明显的地区分异。研究表明，西藏森林生态服务价值存量价值为 44 545.5 亿元，其中，生态价值为 30 812.7 亿元（碳库＋多样性），是直接经济价值（立木价值）13 730.8 亿元的 2.24 倍。年流量价值 1 738.3 亿元，其中年生态价值为 1 565.9 亿元，是直接经济价值的 172.4 亿元的 9 倍，社会价值只有 9.5 亿元（游憩＋就业）。森林的生态服务价值存量价值和碳贮量均高于草原资源的总价值 11 883.63 亿元和碳贮量，但由于草原植物对自然条件的要求更低，适应性更强。因此，在改善生态环境方面的作用更突出。

西藏海拔高、昼夜温差大，在林木根本无法存活的地区，牧草也能正常生长。在生态系统受人类活动干扰剧烈的地区，荒山荒坡荒滩治理任务难度大、范围广，目前看来，以造林为主的生态保护工程在多数地区存在投资大、管理费用高、生态效益低下、见效周期长等特点，甚至于部分地区存在"只栽不管""小老头树"等现象。人工草地或草坪建植则可充分利用一些牧草品种抗旱抗寒耐贫瘠的生物学特征，在固土保肥、涵养水源、防沙治沙、病虫害防治、城市美化等方面起到很有成效的作用，且具有投资成本低、管理费用少、见效周期快等特点。生态建设工程的中心应由单一追求人工林营造向林草结合、以草为主的绿化模式转变。

在拉丁美洲，一项通过引进林木复合措施（以树和灌木来提高饲养方式）来增加生物多样性和碳固存的项目表明，该措施可以增加碳储存、降低甲烷和一氧化二氮（分别降低 21% 和 36%）。在森林资源、水资源丰富的藏东南地区，通过林草间作可改变人工林营林结构单一、生态系统不稳定、抵御外界环境侵扰能力较低等劣势，同时利用储量巨大的林下废弃资源与新鲜牧草混合可加工成营养品质高、价格低廉的草产品，对于农林牧经济生态的协调、共赢发展起到重要作用。

综上所述，牧草种植会反过来影响周围环境，首先，牧草种植会对土地资源产生影响，如提高牧草种植效益，推动土地利用结构转变，提高人工草地生产力水平，调整西藏农牧业的结构等；其次，牧草种植还会影响草原上的水资源，如牧草对水分的吸收以及牧草将水转化成氧，以及水调节的服务功能等；再次，牧草种植对草原的整个农业资源都会产生影响，如草地农业中的土壤、牧草种类、草原牲畜以及由这三类组合成为的农业整体，还有不同植物和动物所组成的生物层等；最后，牧草种植还会影响种植地区的森林资源，牧草种植通过影响种植地区的土壤结构、种植地区的水资源分布以及草地农业整体状况来影响草原生态系统和森林生态系统，从而影响牧草种植地区的森林资源。

6.3　西藏河谷区饲草栽培技术研究

人工草场是在综合农业技术支持下建植的植被群落，具有创造新的草地生产力与改善草地生态环境的双重功效。从经济效益和实际情况的角度考虑，牧草品种在产量高、品质好的前提下，栽培条件和技术要求不高时，才具有推广利用的价值。因此，在西藏河谷地区探索出一套科学可行的牧草种植关键技术体系，就成为我们的核心目标。

2011 年分别在日喀则、拉萨和山南 3 个地区设置试验点，其中，日喀则设 36 个试验小区，拉萨站设 126 个试验小区，山南贡嘎岗堆村设 36 个试验小区，除岗堆村没有做铺膜处理外，其他地区都深挖后铺膜，并在日喀则改造了灌溉系统；2012 年又增加山南吉纳农场 204 个试验小区；2013—2014 年，拉萨站增加 126 个试验小区，前后陆续开展了灌溉技术、水肥耦合技术、优化刈割控制技术、覆膜技术、适宜播深技术、适宜播量技术和施氮技术等 7 方面的研究，后将分别阐述研究方法与结论。截至目前，共获得土壤材料约 1 000 份，植物材料约 2 000 份，数据约 10 000 份。

6.3.1　灌溉技术

1. 灌溉次数试验设计

根据目前西藏河谷区人工草地发展条件的现状，一般主要采取水渠漫灌方式，漫灌会导致水资源的浪费，为了有效节约水资源，提高人工草地的生产效率，我们选取种植较广泛的紫花苜蓿为对象开展水肥刈割调控试验。

试验共设置了 5 个灌溉处理（5 种灌溉模式），即在紫花苜蓿生长季内灌溉 3 次、5 次、7 次、9 次和 12 次，试验设计见表 6-1，并配合刈割试验定期测定紫花苜蓿产草量（表 6-2），分析和比较不同灌溉处理的紫花苜蓿生产能力。

表 6-1　灌溉试验设计

灌溉模式	灌溉次数	灌溉措施
3 水模式	3	越冬水 + 返青水 + 催苗水
5 水模式	5	越冬水 + 返青水 + 催苗水 + 追肥水 1 + 追肥水 2
7 水模式	7	越冬水 + 返青水 + 催苗水 + 每月 1 次
9 水模式	9	越冬水 + 返青水 + 催苗水 + 每月 1 次 + 视旱情加 2 次
12 水模式	12	越冬水 + 返青水 + 催苗水 + 每月 2 次

表 6-2　不同灌溉模式的紫花苜蓿总鲜草产量

灌溉模式	灌溉次数	刈割 1 次总产鲜草量 /（千克 / 亩）	刈割 2 次总产鲜草量 /（千克 / 亩）
3 水模式	3	1 167	1 159
5 水模式	5	2 928	2 688
7 水模式	7	5 318	5 035
9 水模式	9	6 949	6 916
12 水模式	12	7 935	8 175

　　根据试验数据对西藏河谷地区紫花苜蓿灌溉效率与灌溉次数进行回归分析，如图 6-1 所示，得到了西藏河谷地区紫花苜蓿灌溉效率的模型为：

$$Y = 1/(1 + 9.5^{e} - 0.475x)　(R^2 = 0.9765)$$

　　式中：e 为自然常数；x 为灌溉次数；Y 为灌溉效率。

　　通过该模型可以直观地判别紫花苜蓿最有效灌溉措施，并配合紫花苜蓿刈割模型，可以有效地预测紫花苜蓿不同灌溉措施的产草量（图 6-2、图 6-3）。

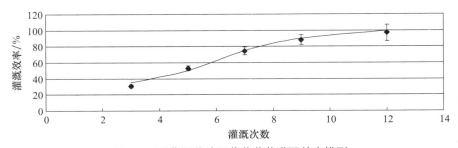

图 6-1　西藏河谷地区紫花苜蓿灌溉效率模型

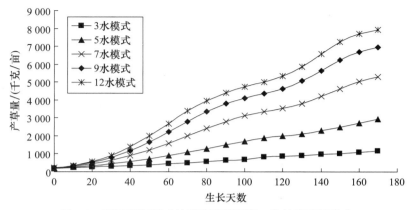

图 6-2　不同灌溉模式的紫花苜蓿刈割 1 次的产草量动态

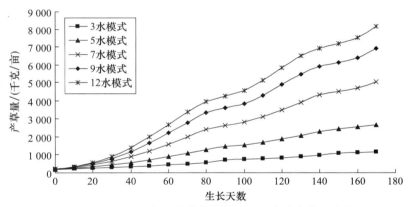

图 6-3　不同灌溉模式的紫花苜蓿刈割 2 次的产草量动态

　　试验结果表明，根据西藏河谷地区气候条件，一年灌溉 7 次能有效保障紫花苜蓿高效生产，紫花苜蓿鲜草产草量能达到 5 000 千克 / 亩的水平。

2. 灌溉次数试验研究（2010 年）

　　试验共设置了 4 个灌溉处理（4 种灌溉模式），即分别在黑麦草、紫花苜蓿单播及混播生长季内灌溉 3 次、7 次、9 次和 12 次，试验设计见表 6-3，分析比较不同灌溉处理的牧草单播及混播生产能力。

　　试验结束后将不同灌溉模式的下黑麦草和紫花苜蓿单播和混播的生物量

数据进行处理并作柱状图，分别见图 6-4 和图 6-5 所示。

表 6-3 灌溉试验设计

灌溉模式	灌溉次数	灌溉措施
3 水模式（W0）	3	越冬水 + 返青水 + 催苗水
7 水模式（W1）	7	越冬水 + 返青水 + 催苗水 + 每月 1 次（6 月后）
9 水模式（W2）	9	越冬水 + 返青水 + 催苗水 + 每月 1 次（6 月后）+ 视旱情加 2 次
12 水模式（W3）	12	越冬水 + 返青水 + 催苗水 + 每月 2 次（6 月后）

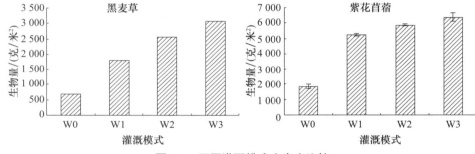

图 6-4 不同灌溉模式生产力比较

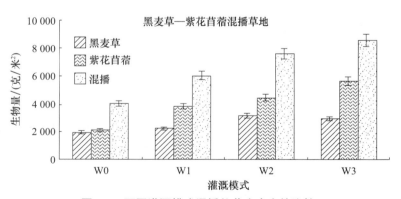

图 6-5 不同灌溉模式混播牧草生产力的比较

由图 6-4 和图 6-5 可知，增加灌溉次数能够显著增加西藏河谷地区牧草鲜干草的产量，通过灌溉试验分析，黑麦草单播时，W1～W3 3 种灌溉模式鲜草年积累量最大可提高 345.76%，达到 3 061.54 克 / 米²，干草最高可提高

270.79%，达到 917.23 克 / 米^2，尽管继续增加灌溉量，其鲜干草产量会继续增加，但由于西藏地区土层较薄渗水严重，过高的灌溉用量会导致劳动力成本增加和水资源浪费，而黑麦草本身的生产效率相对较低，所以在黑麦草单播情况下为了保证其有效生长，提倡 W2 模式即可；紫花苜蓿单播时，W1 模式时其鲜干草年积累量分别达到 5 231.75 克 / 米^2 和 1 198.51 克 / 米^2，提高了 181.24% 和 142.51%。尽管增加灌溉次数可以继续提高鲜干草年积累量，但其增长速率变缓，所以在紫花苜蓿单播情况下，W1 模式即可获得相对合理的较大干草积累量；黑麦草—紫花苜蓿混播情况下，混合鲜草积累量最大可提高 112.49%，混合干草积累量最大可提高 93.52%，但是黑麦草组分在 W2 灌溉模式下鲜干草的积累量达到最高，所以黑麦草—紫花苜蓿混播情况下 W2 灌溉模式较为合理。

3. 单播草地限灌试验研究

由于西藏地区的土壤层比较薄，对土地进行灌溉时水量过多易发生渗漏损失，造成水资源浪费，而且会对土壤有淋溶作用，因此开展单播草地限灌试验，试验设计见表 6-4。

表 6-4　单播草地灌溉试验设计

灌溉模式	灌溉次数	每次灌溉量 / 吨
2 水模式	2	0.5
4 水模式	4	0.5
5 水模式	5	0.5
6 水模式	6	0.5
7 水模式	7	0.5
8 水模式	8	0.5
9 水模式	9	0.5

如图 6-6 至图 6-8 所示，7 个灌溉量处理中，垂穗披碱草、鸭茅和紫花苜蓿的干草产量随灌溉量的增加，先增加后下降，分别在 4 吨、5 吨、6 吨灌溉量下，产量达到最高，分别是 1 261.7 克 / 米^2、1 202.9 克 / 米^2、2 099.1 克 / 米^2，

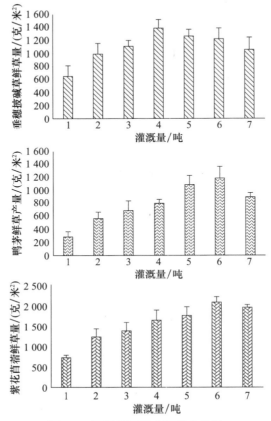

图 6-6　不同灌溉梯度下的生物量

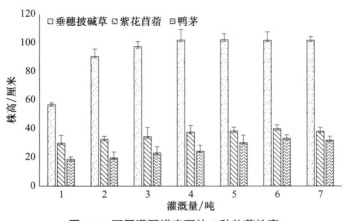

图 6-7　不同灌溉梯度下的 3 种牧草株高

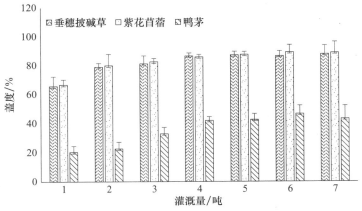

图 6-8　不同灌溉梯度下的 3 种牧草株高

同比不施肥情况下，增产 114.46%、309.08%、184.61%。由此可知，3 种牧草对水分的响应依次为鸭茅＞紫花苜蓿＞垂穗披碱草。相比灌溉 1 吨水，在 2～7 吨灌溉水平下，牧草盖度和高度有明显提高，即灌溉可以提高牧草的盖度和高度，生物量随灌溉量变化趋势与盖度株高变化趋势有较高的相似性。

6.3.2　水、肥配比技术

1. 沙性土壤水、氮配比试验研究

在沙性土壤研究不同水、肥配比条件的最佳组合，试验设计见表 6-5。

表 6-5　沙性土壤水、氮配比试验设计

处理编号	灌水总量/(吨/米²)	A：分灌溉次数	B：施氮总量/(克/米²)	C：分施氮次数
A1B1C1	0.1	3	10	1
A1B2C3	0.1	3	20	3
A1B3C2	0.1	3	30	2
A2B1C3	0.1	6	10	3
A2B2C2	0.1	6	20	2
A2B3C1	0.1	6	30	1

续表 6-5

处理编号	灌水总量/(吨/米²)	A：分灌溉次数	B：施氮总量/(克/米²)	C：分施氮次数
A3B1C2	0.1	9	10	2
A3B2C1	0.1	9	20	1
A3B3C3	0.1	9	30	3

在表 6-6 中可见，影响生物量的 3 个处理因素中，主次顺序排列为 A＞B＞C，即能够提高生物量的影响因子中，灌溉次数＞施氮总量＞施氮次数，根据各组处理结果的极差大小，得到优组合为 A2B2C3。因此，在沙性土壤中种植紫花苜蓿，灌溉次数 6 次，每次 0.1 吨/米²，施尿素 20 千克/亩，分施 3 次可以达到最高产量。

表 6-6　紫花苜蓿产量结果分析

处理编号	A：分灌溉次数	B：施氮总量/(克/米²)	C：施氮次数	鲜重/(克/米²)
A1B1C1	3	10	1	446.32
A1B2C3	3	20	3	618.49
A1B3C2	3	30	2	423.70
A2B1C3	6	10	3	506.79
A2B2C2	6	20	2	528.09
A2B3C1	6	30	1	489.13
A3B1C2	9	10	2	254.22
A3B2C1	9	20	1	363.35
A3B3C3	9	30	3	320.00
K1	1 488.51	1 207.33	1 298.81	
K2	1 524.01	1 509.94	1 206.01	
K3	937.57	1 232.84	1 445.28	
k1	496.17	402.44	432.94	
k2	508.00	503.31	402.00	
k3	312.52	410.95	481.76	

续表 6-6

处理编号	A：分灌溉次数	B：施氮总量 /（克 / 米²）	C：施氮次数	鲜重 /（克 / 米²）
极差 R	195.48	100.87	79.76	
主次顺序	分灌溉次数＞施氮总量＞施氮次数			
优水平	A2	B2	C3	
优组合	A2B2C3			

2. 黏性土壤氮磷配比技术研究

在黏性土壤研究不同氮磷配比条件的最佳组合，试验设计见表 6-7。

表 6-7　黏性土壤氮磷配比试验设计

处理	处理编号	N—氮肥 [尿素 /（千克 / 亩）]	P—磷肥 [重过磷酸钙 /（千克 / 亩）]
1	N1P1	0	0
2	N1P2	0	15
3	N1P3	0	30
4	N1P4	0	45
5	N1P5	0	60
6	N2P1	15	0
7	N2P2	15	15
8	N2P3	15	30
9	N2P4	15	45
10	N2P5	15	60
11	N3P1	30	0
12	N3P2	30	15
13	N3P3	30	30
14	N3P4	30	45
15	N3P5	30	60
16	N4P1	45	0

续表 6-7

处理	处理编号	N—氮肥 [尿素/(千克/亩)]	P—磷肥 [重过磷酸钙/(千克/亩)]
17	N4P2	45	15
18	N4P3	45	30
19	N4P4	45	45
20	N4P5	45	60
21	N5P1	60	0
22	N5P2	60	15
23	N5P3	60	30
24	N5P4	60	45
25	N5P5	60	60

由表 6-8 中可见，影响生物量的 2 个处理因素中，主次顺序排列为 N＞P，即能够提高生物量的影响因子中，氮肥＞磷肥，根据各组处理结果的极差大小，得到优组合为 N2P3。因此，在黏性土壤中种植紫花苜蓿，施尿素 15 千克/亩，重过磷酸钙 30 千克/亩，可以达到最高产量。

表 6-8　紫花苜蓿产量结果分析

处理	处理编号	N—氮肥 [尿素/(千克/亩)]	P—磷肥 [重过磷酸钙/(千克/亩)]	鲜重 /(克/米^2)
1	N1P1	0	0	1 382.47
2	N1P2	0	15	1 349.47
3	N1P3	0	30	1 053.65
4	N1P4	0	45	1 175.97
5	N1P5	0	60	797.57
6	N2P1	15	0	2 018.32
7	N2P2	15	15	2 326.22
8	N2P3	15	30	2 332.43
9	N2P4	15	45	2 555.80

续表 6-8

处理	处理编号	N—氮肥 [尿素/(千克/亩)]	P—磷肥 [重过磷酸钙/(千克/亩)]	鲜重 /(克/米²)
10	N2P5	15	60	1 884.07
11	N3P1	30	0	1 119.06
12	N3P2	30	15	1 776.13
13	N3P3	30	30	2 147.78
14	N3P4	30	45	1 625.94
15	N3P5	30	60	1 391.86
16	N4P1	45	0	1 650.87
17	N4P2	45	15	1 431.75
18	N4P3	45	30	1 539.11
19	N4P4	45	45	1 147.95
20	N4P5	45	60	1 204.71
21	N5P1	60	0	1 354.90
22	N5P2	60	15	1 194.59
23	N5P3	60	30	1 143.11
24	N5P4	60	45	1 212.68
25	N5P5	60	60	1 213.07
	K1	5 759.13	7 525.63	
	K2	11 116.84	8 078.17	
	K3	8 060.76	8 216.08	
	K4	6 974.41	7 718.35	
	K5	6 118.37	6 491.29	
	k1	1 151.83	1 505.13	
	k2	2 223.37	1 615.63	
	k3	1 612.15	1 643.22	
	k4	1 394.88	1 543.67	
	k5	1 223.67	1 298.26	

续表 6-8

处理	处理编号	N—氮肥 ［尿素/（千克/亩）］	P—磷肥 ［重过磷酸钙/（千克/亩）］	鲜重 /（克/米²）
	极差 R	1 071.54	344.96	
	主次顺序	N＞P		
	优水平	N2	P3	
	优组合	N2P3		

　　在表 6-9 中可见，影响垂穗披碱草生物量的 2 个处理因素中，主次顺序排列为 N＞P，即能够提高生物量的影响因子中，氮肥＞磷肥，根据各组处理结果的极差大小，得到优组合为 N2P2。因此，在黏性土壤中种植垂穗披碱草，施尿素 15 千克/亩，重过磷酸钙 15 千克/亩可以达到最高产量。

表 6-9　垂穗披碱草产量结果分析

处理	处理编号	N—氮肥 ［尿素/（千克/亩）］	P—磷肥 ［重过磷酸钙/（千克/亩）］	鲜重 /（克/米²）
1	N1P1	0	0	862.89
2	N1P2	0	15	990.00
3	N1P3	0	30	968.00
4	N1P4	0	45	1 112.22
5	N1P5	0	60	853.11
6	N2P1	15	0	1 087.78
7	N2P2	15	15	1 454.44
8	N2P3	15	30	1 349.33
9	N2P4	15	45	1 158.67
10	N2P5	15	60	1 092.67
11	N3P1	30	0	1 122.00
12	N3P2	30	15	1 166.00
13	N3P3	30	30	1 229.56

续表 6-9

处理	处理编号	N—氮肥 ［尿素/（千克/亩）］	P—磷肥 ［重过磷酸钙/（千克/亩）］	鲜重 /（克/米²）
14	N3P4	30	45	1 224.67
15	N3P5	30	60	1 065.78
16	N4P1	45	0	1 202.67
17	N4P2	45	15	1 263.78
18	N4P3	45	30	1 224.67
19	N4P4	45	45	1 217.33
20	N4P5	45	60	1 173.33
21	N5P1	60	0	1 151.33
22	N5P2	60	15	1 338.33
23	N5P3	60	30	1 389.67
24	N5P4	60	45	1 107.33
25	N5P5	60	60	1 052.33
	K1	4 786.22	5 426.67	
	K2	6 142.89	6 212.56	
	K3	5 808.00	6 161.22	
	K4	6 081.78	5 820.22	
	K5	6 039.00	5 237.22	
	k1	957.24	1 085.33	
	k2	1 228.58	1 242.51	
	k3	1 161.60	1 232.24	
	k4	1 216.36	1 164.04	
	k5	1 207.80	1 047.44	
	极差 R	271.33	184.80	
	主次顺序	N＞P		
	优水平	N2	P2	
	优组合	N2P2		

6.3.3 优化刈割控制技术

对拉萨河谷地区紫花苜蓿人工草地进行系统的刈割试验研究，构建了拉萨河谷地区紫花苜蓿刈割生长动态模型，能有效进行不同刈割方案的紫花苜蓿干鲜草年积累量的情景模拟和预测；并分析了刈割次数对紫花苜蓿干鲜草积累量、刈割高度、干鲜比、营养成分的影响；提出了拉萨河谷地区紫花苜蓿不同利用目标的不同刈割方案，建议拉萨河谷地区紫花苜蓿采用分枝期一年刈割 3 次的刈割方案，可获得干草积累量最大、草产品质量最好的紫花苜蓿。

1. 不同刈割措施的紫花苜蓿生长高度及其动态

紫花苜蓿达到预设生育期时，在不同刈割处理下不同茬次紫花苜蓿生长高度会有不同的表现（图 6-9），表 6-10 给出了不同处理各茬次紫花苜蓿根据生长天数的生长高度的动态方程。在不刈割条件下，紫花苜蓿生长高度为 85 厘米左右；在刈割 1 次（开花期）条件下，第 1 茬和第 2 茬平均高度 70 厘米；在刈割 2 次（现蕾期）条件下，第 1 茬和第 2 茬的生长高度为 55～60 厘米，由于气候条件因素的影响，第 3 茬不能达到现蕾期，生长高度为 30 厘米；在刈割 3 次（分枝期）条件下，第 1 茬的生长高度为 45 厘米，第 2 茬和第 3 茬处于夏季水热条件最好的季节，平均高度可达 60 厘米以上，第 4 茬不能达到分枝期盛期，生长高度为 15 厘米；在刈割 4 次（分枝前期）的条件下，第 1 茬至第 4 茬的高度为 35～55 厘米，第 5 茬不能达到分枝期、现蕾期，生长高度为 6 厘米。

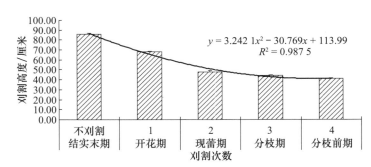

$$y = 3.242\ 1x^2 - 30.769x + 113.99$$
$$R^2 = 0.987\ 5$$

图 6-9　不同刈割时期的刈割高度

表 6-10　不同茬次紫花苜蓿生长高度及其生长方程

刈割次数	刈割时间	再生茬次	生长高度/厘米	回归方程	R^2
不刈割	9 月 20 日	1	85.67 ± 1.15	$y=-0.004\,9x^2+1.322\,3x-8.669\,3$	0.961 5
1	7 月 20 日	1	74.67 ± 0.58	$y=-0.000\,3x^2+0.799\,5x-1.269$	0.991 9
	9 月 20 日	2	61.33 ± 0.58	$y=-0.013\,1x^2+1.907\,1x-8.381$	0.996 8
2	6 月 20 日	1	61.00 ± 1.00	$y=0.001x^2+0.663\,1x+0.193\,9$	0.992 7
	8 月 20 日	2	53.67 ± 2.31	$y=-0.014\,3x^2+1.819\,4x-5.033\,3$	0.973 6
	9 月 20 日	3	29.00 ± 1.00	$y=-0.06x^2+3.5x-22$	1
3	5 月 20 日	1	45.33 ± 1.15	$y=0.000\,3x^2+0.694x+0.988\,1$	0.985
	7 月 10 日	2	63.00 ± 0.80	$y=0.009x^2+1.003\,8x-6.466\,7$	0.947 8
	8 月 30 日	3	63.33 ± 2.89	$y=-0.008\,6x^2+1.881x-10.8$	0.988 4
	9 月 20 日	4	14.00 ± 1.73	$y=0.833\,3x^2-2.666\,7$	1
4	5 月 20 日	1	41.00 ± 0.87	$y=0.010\,4x^2+0.277x+0.970\,2$	0.993 6
	6 月 30 日	2	55.00 ± 0.00	$y=0.02x^2+0.533\,3x+0.666\,7$	0.983 5
	8 月 10 日	3	35.00 ± 0.00	$y=-0.005x^2+1.05x+0.833\,3$	0.998 3
	9 月 10 日	4	33.00 ± 1.73	$y=-0.010\,8x^2+1.465x-8.083\,3$	0.998 4
	9 月 20 日*	5	6.01 ± 0.50	—	—

注：* 生长时间短。

2. 不同刈割措施产草量及其动态

刈割对紫花苜蓿干草积累量影响很大，刈割可以提高牧草鲜草积累量
45%～90%，提高干草积累量 30%～55%。刈割次数对于紫花苜蓿鲜草积累量
提高明显，但对于干草积累量相对有限，刈割 3 次干草积累量可达高值，但
再提高刈割次数，干草积累量将出现下降的趋势（图 6-10）。

在拉萨河谷地区，不刈割条件下紫花苜蓿鲜草约 4 700 克 / 米 ²，干草
1 600 克 / 米 ²；在刈割 1 次（开花期）时，鲜草积累量 6 800 克 / 平方米，比
不刈割提高 45%，干草积累量 2 100 克 / 米 ²，比不刈割提高 29%；在刈割 2

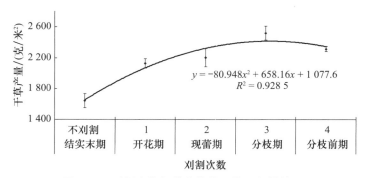

$$y = -80.948x^2 + 658.16x + 1\,077.6$$
$$R^2 = 0.928\,5$$

图 6-10　刈割次数与紫花苜蓿干草累积量关系

次（现蕾期）时，鲜草积累量为 7 100 克 / 米^2，比不刈割提高 51%，干草积累量为 2 200 克 / 米^2，比不刈割提高 33%；在刈割 3 次（分枝期）时，鲜草积累量为 8 700 克 / 米^2，比不刈割提高 85%，干草积累量为 2 500 克 / 米^2，比不刈割提高 53%；在刈割 4 次（分枝前期）时，鲜草积累量为 8 900 克 / 米^2，比不刈割提高 89%，干草积累量为 2 100 克 / 米^2，比不刈割提高 43%（表 6-11）。过多的刈割将可能增加劳动力成本，而生产效率并不会有明显的提高。拉萨河谷地区紫花苜蓿不同利用目标有不同的刈割方案，建议拉萨河谷地区紫花苜蓿宜采用 1 年刈割 3 次的刈割方案，可获得干草积累量最大，饲草产品质量最好的紫花苜蓿干草。

表 6-11　不同茬次紫花苜蓿干草产量及其生长方程

刈割次数	刈割时间	再生茬次	干草产量 /（克 / 米^2）	回归方程	R^2
不刈割	9 月 20 日	1	1645.73 ± 90.97	$y=-0.0433x^2+16.81x-45.012$	0.963 5
1	7 月 20 日	1	1170.70 ± 39.65	$y=-0.003x^2+10.817x+21.08$	0.972 3
	9 月 20 日	2	957.96 ± 44.74	$y=-0.183\,6x^2+29.398x-217.12$	0.986 9
2	6 月 20 日	1	1111.09 ± 14.29	$y=0.038\,7x^2+10.231x+5.913\,6$	0.974 5
	8 月 20 日	2	711.11 ± 18.64	$y=0.1\,432x^2+2.177x+64.108$	0.998 8
	9 月 20 日	3	379.77 ± 11.78	$y=0.098\,8x^2+10.614x-27.533$	1
3	5 月 20 日	1	736.92 ± 57.07	$y=0.154\,8x^2+6.595\,1x+20.176$	0.990 3
	7 月 10 日	2	853.03 ± 83.98	$y=0.356\,1x^2-1.066\,6x+19.271$	0.999 5

续表 6-11

刈割次数	刈割时间	再生茬次	干草产量/（克／米²）	回归方程	R^2
3	8 月 30 日	3	750.61 ± 94.26	$y=0.264\,5x^2+1.129\,7x+19.442$	0.991 2
	9 月 20 日	4	177.92 ± 35.36	$y=10.313x-28.35$	1
4	5 月 20 日	1	670.00 ± 51.96	$y=0.062\,7x^2+10.23x-0.1786$	0.998 3
	6 月 30 日	2	615.00 ± 25.98	$y=0.116\,7x^2+13.2x-84.167$	0.974 2
	8 月 10 日	3	510.00 ± 17.32	$y=-0.125x^2+21.95x-150$	0.950 3
	9 月 10 日	4	518.17 ± 24.76	$y=0.545\,4x^2-11.959x+119.46$	0.997
	9 月 20 日*	5	30.54 ± 8.50	——	——

注：＊生长时间短。

3. 不同刈割措施紫花苜蓿干鲜比变化

不同刈割处理收获紫花苜蓿的牧草干鲜比有明显下降的趋势（图 6-11），不刈割（结实末期）的紫花苜蓿为 39.34%，刈割 1 次（开花期）为 31.71%，刈割 2 次（现蕾期）为 30.72%，刈割 3 次（分枝期）为 29.55%，刈割 4 次（分枝期）为 26.85%。这实质反映的是紫花苜蓿不同生育期的干鲜比情况，可以用 $y=0.6913x^2-6.860\,9x+44.612$（$R^2=0.918\,8$）表达紫花苜蓿不同生育期干鲜比趋势。实际生产中可根据实际需要干鲜比选择适当的刈割次数。

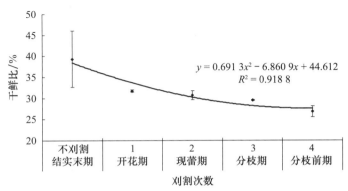

图 6-11　不同刈割处理紫花苜蓿干鲜比变化趋势

4. 不同刈割措施紫花苜蓿营养成分变化

试验分析表明，紫花苜蓿的营养成分含量，粗蛋白质含量的 15%～25%，粗脂肪含量为 6%～12%，粗纤维含量为 30%～41%，无氮浸出物 30%～35%，粗灰分为 3%～4.2%。然而，不同刈割处理实质反映的是不同生育期可能刈割次数，图 6-12 实际反映的是紫花苜蓿不同生育期营养成分变化的趋势。刈割次数增加（结实末期—开花—现蕾—分枝—分枝前），粗蛋白和粗灰分含量增加，粗纤维和无氮浸出物含量下降，而粗脂肪单峰曲线趋势，在现蕾期呈现峰值。

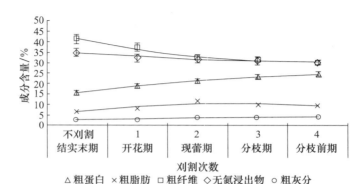

图 6-12　不同刈割处理紫花苜蓿营养成分变化趋势

紫花苜蓿的回归方程：

粗蛋白 $y=-0.313\,8x^2+4.125\,8x+11.717$（$R^2=0.998\,1$）；

粗脂肪 $y=-0.608\,2x^2+4.370\,8x+2.778$（$R^2=0.775\,6$）；

粗纤维 $y=0.729\,5x^2-7.200\,5x+47.881$（$R^2=0.974\,7$）；

无氮浸出物 $y=0.729\,5x^2-7.200\,5x+47.881$（$R^2=0.974\,7$）；

粗灰分 $y=0.004\,6x^2+0.322\,6x+2.531$（$R^2=0.948\,8$）。

在紫花苜蓿种植时可以根据实际营养成分需求进行方程计算，选择合适的刈割次数。

6.3.4　覆膜技术

为了明确覆膜技术在西藏地区饲草种植中的应用效果，开展了覆膜对青饲玉米生长形状影响的研究。

试验结果如表 6-12 和 6-13 所列，在西藏日喀则地区，覆膜能够促使青饲玉米各生育期提前，对植株相关器官的生长，如株高、基径、叶面积以及绿叶数等均具有促进作用，使得青饲玉米产量显著提高，增产 75.9%。在西藏地区无霜期较短，利用覆膜缩短青饲玉米的生育期，能避免青饲玉米受到霜灾，从而扩大玉米的种植范围。因此，为西藏畜牧业的发展和农牧民增产、增收提供重要参考。

表 6-12　覆膜与未覆膜青饲玉米生育期比较　　　　　月／日

处理	播种期	出苗期	三叶期	七叶期	分蘖期	喇叭口期	抽雄期
覆膜	5/3	5/12	5/16	5/30	6/11	6/23	8/3
未覆膜	5/3	5/19	5/25	6/10	6/22	7/5	8/19

表 6-13　覆膜与未覆膜青饲玉米生长性状的比较

处理	株高／厘米	盖度／%	基径／厘米	叶长／厘米	叶宽／厘米	叶面积／米^2	绿叶数	产量／（千克／公顷）
覆膜	276 ± 23*	76 ± 7*	2.4 ± 0.2	114 ± 0.9	11 ± 0.7	940.5 ± 45*	15.8 ± 0.5	121 665 ± 480*
未覆膜	195 ± 45	40 ± 11	2.3 ± 0.3	104 ± 1.0	10.8 ± 0.5	842.4 ± 54.2	14.6 ± 0.8	69 165 ± 810

注：* 在 0.05 水平上差异显著。

6.3.5　适宜播深技术

对 4 种不同牧草开展了不同播种深度对除苗的影响，结果如图 6-13 所示，紫花苜蓿、垂穗披碱草、鸭茅和青饲玉米的出苗率随着播种深度的增加呈现单峰趋势变化。紫花苜蓿、垂穗披碱草和鸭茅在 3 厘米深度的出苗率达到最高，分别为 88.5%、77.0% 和 64%，以 3 厘米播种深度为分界线，出苗率呈现降低的趋势。青饲玉米由于种子大，顶土能力强，在 5 厘米深度的出苗率最高，可达 82.0%，以 5 厘米播种深度为分界线，出苗率呈现降低趋势。

由于播种深度取决于田间环境，应根据实际情况具体实施，紫花苜蓿、垂穗披碱草和鸭茅合理的播种深度应以 3～5 厘米为宜，青饲玉米的合适播种深度应该以 5～7 厘米为宜。

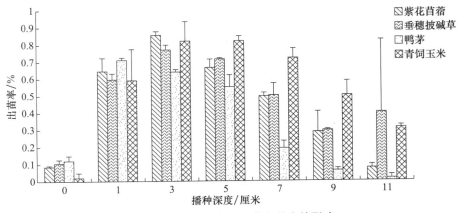

图 6-13　播种深度对牧草出苗率的影响

6.3.6　适宜播量技术

对 3 种不同牧草开展了不同播种量对牧草生物量的影响，结果如图 6-14 所示，紫花苜蓿、垂穗披碱草和鸭茅的生物量随着播量的增加而增加，增加到一定程度后停止增长。紫花苜蓿在 3.5 千克 / 亩的鲜草量达到较高水平，以 3.5 千克 / 亩播量为分界线，出苗率随着播量增加呈现不增不减的趋势。垂穗披碱草在 4 千克 / 亩播量下的鲜草量达到较高水平，以 4 千克 / 亩播量为分界线，出苗率随着播量增加呈现不增不减的趋势。鸭茅在 3 千克 / 亩播量下的鲜草量达到较高水平，以 3 千克 / 亩播量为分界线，出苗率随着播量增加呈现不增不减的趋势。

考虑到田间多样的环境和复杂的因素，应根据实际情况具体实施，紫花苜蓿的建议播种量以 3.5～4.5 千克 / 亩为宜，垂穗披碱草的建议播种量以 4～5 克 / 亩为宜，鸭茅的建议播种量以 3～4 千克 / 亩为宜。

6.3.7　施氮技术

1. 施氮水平技术研究

（1）不同施氮水平对生产力的影响（2010 年）　试验设计分为单播和混播，即紫花苜蓿单播（6 克 / 米^2）、黑麦草单播（4.5 克 / 米^2）、紫花苜蓿 - 黑

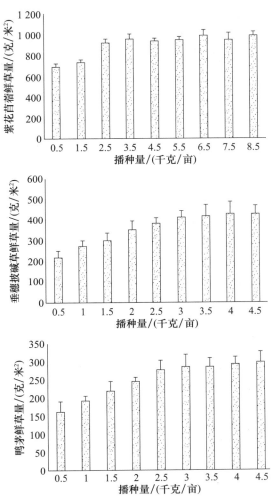

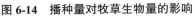

图 6-14　播种量对牧草生物量的影响

麦草混播（6 克／米²；1∶1）。每种播种形式分别实行 4 水平施氮处理，分别为 F0（0 克／米²）、F1（12.19 克／米²）、F2（24.38 克／米²）、F3（36.56 克／米²）。试验结果如图 6-15 和 6-16 所示。

施用氮肥同样能够显著增加西藏河谷地区牧草鲜干草的产量，通过施氮试验分析，黑麦草单播时，F2 施氮水平时其鲜干草积累量分别达到 2 968.89 克／米² 和 988.87 克／米²，分别提高了 124.47% 和 125.96%，尽管继续提高

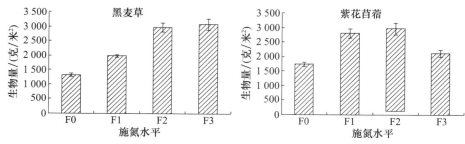

图 6-15　不同施氮水平对生产力的比较

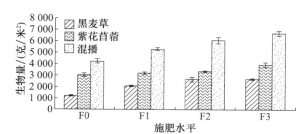

图 6-16　不同施氮水平对黑—紫混播生产力的影响

施氮用量后，其鲜草产量会有小幅度增加，但干草年积累量会降低，所以建议黑麦草单播时，采用 F2 施氮水平（24.38 克 / 米 ^{2}）；紫花苜蓿单播时，F1施氮水平时其鲜干草年积累量分别达到 5 546.05 克 / 米 ^{2} 和 1 229.78 克 / 米 ^{2}，提高了 60.93% 和 49.92%，继续增加施氮用量，其鲜干草年积累量增加不明显，F3 水平时甚至会降低其鲜干草年积累量，所以建议紫花苜蓿单播情况下采用 F1 施氮水平（12.19 克 / 米 ^{2}）；黑麦草—紫花苜蓿混播情况下，混合鲜草积累量最大可提高 57.13%，混合干草积累量最大可提高 62.69%，黑麦草组分的增长趋势最大，在 F2 施氮水平时，其鲜干草的增长率基本达到最高，紫花苜蓿的增长趋势不明显，混合干草在 F2 施氮水平时，其年积累量提高了 50.16%，继续增加施氮用量，其干草年积累量增幅不明显，考虑到用工成本，可以确定混播牧草的最佳施氮水平为 F2（24.38 克 / 米 ^{2}）。

（2）施氮水平对生产力影响的研究（2012 年）　紫花苜蓿、垂穗披碱草、箭筈豌豆、鸭茅和燕麦地上生物量（图 6-17）随着施肥量的增加呈现增长的趋势，分别在 N5、N4、N4、N3、N4 施肥水平下的地上部分生物量达到最高，

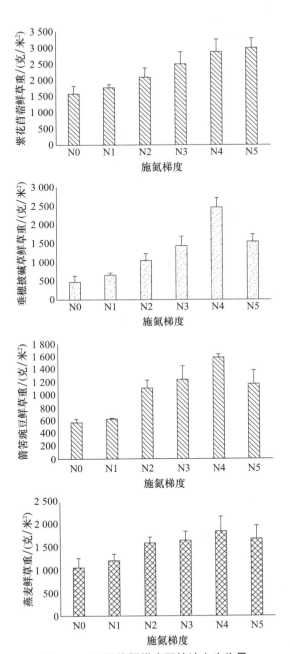

图 6-17　不同施肥梯度下的地上生物量

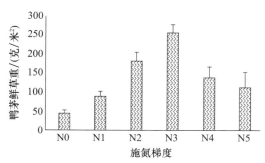

图 6-17　不同施肥梯度下的地上生物量（续）

即 2 991.9 克 / 米 ^{2}、1 293.45 克 / 米 ^{2}、1 581.7 克 / 米 ^{2}、2 560 克 / 米 ^{2}，1 684.4 克 / 米 ^{2}。相比不施肥 N0，在 N1、N2、N3、N4 和 N5 施肥水平下（表 6-12），牧草盖度和高度有明显提高，即施肥可以提高牧草的盖度和高度，生物量随氮素变化趋势与盖度株高变化趋势有较高的相似性（图 6-18、图 6-19）。

表 6-12　试验牧草单播氮肥方案

施肥梯度	N0	N1	N2	N3	N4	N5
氮肥施入量 / 公顷	0	112.5	337.5	562.5	787.5	1 012.5

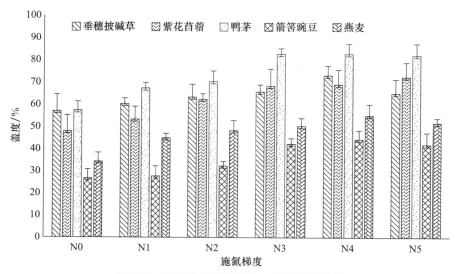

图 6-18　不同施肥梯度下的 5 种牧草的盖度

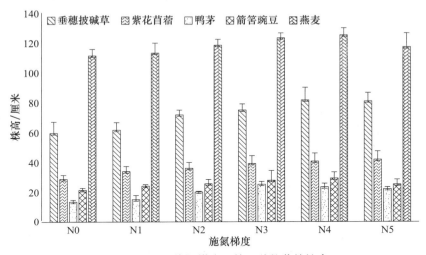

图 6-19　不同施肥梯度下的 5 种牧草的株高

2. 施氮类型技术研究

（1）施氮类型对饲草生长的影响　叶面积指数和叶绿素含量是表征作物产量潜力的重要指标，为研究施氮类型对饲料燕麦产量的影响，叶面积指数和叶绿素含量作为重要性状也被包括在研究范围内。对燕麦添加单质无机氮肥（尿素）、复合无机氮肥（磷酸氢二铵）、有机氮肥（羊粪）后，各施氮类型处理组的叶面积指数动态见图 6-20。由图 6-18 可知，施肥类型对叶面积指数促进影响的大小排列为：尿素＞50% 尿素 +50% 羊粪≈磷酸氢二铵＞50% 磷酸氢二铵 +50% 羊粪＞羊粪。以 7 月 4 日叶面积指数为例，相比单施羊粪，单施尿素、50% 尿素 +50% 羊粪、磷酸氢二铵、50% 磷酸氢二铵 +50% 羊粪的叶面积指数增长幅度分别为 151%、81%、65% 和 47%（$P<0.001$），最高叶面积指数出现在单施尿素处理组。以上结果表明，单一无机氮肥（尿素）比复合无机氮肥（磷酸氢二铵）、有机氮肥（羊粪）更能促进叶面积指数的增加，复合无机氮肥（磷酸氢二铵）的促进作用介于单一无机氮肥（尿素）和有机氮肥（羊粪）之间。

由图 6-21 可知，施肥类型对燕麦叶绿素含量的影响由大到小排列为：尿素＞50% 尿素 +50% 羊粪＞磷酸氢二铵＞50% 磷酸氢二铵 +50% 羊粪＞羊粪，以 7 月 4 日叶绿素含量为例，相比单施羊粪，单施尿素、50% 尿素 +50% 羊

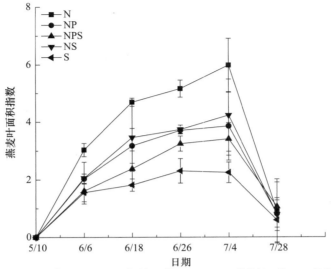

N—100%尿素；NP—100%磷酸氢二铵；NPS—50%磷酸氢二铵+50%羊粪；
NS—50%尿素+50%羊粪；S—100%羊粪。

图 6-20　施氮类型对燕麦叶面积指数的影响

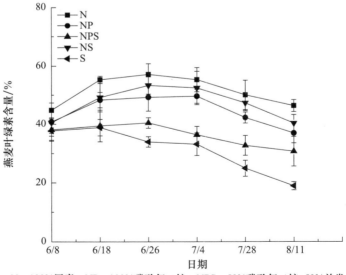

N—100%尿素；NP—100%磷酸氢二铵；NPS—50%磷酸氢二铵+50%羊粪；
NS—50%尿素+50%羊粪；S—100%羊粪。

图 6-21　施氮类型对燕麦叶绿素含量的影响

糞、100% 磷酸氢二铵、50% 磷酸氢二铵 +50% 羊粪的叶绿素增长率分别为67%、58%、50% 和 10%（$P<0.001$），最高叶绿素出现在单施尿素处理组。以上结果表明，单质无机氮肥（尿素）比复合无机氮肥（磷酸氢二铵）、有机氮肥（羊粪）更能促进叶绿素含量提高，而复合无机氮肥（磷酸氢二铵）的促进作用介于单质无机化肥（尿素）和有机氮肥（羊粪）之间。

（2）施氮类型对饲草产量的影响　对燕麦添加单质无机氮肥（尿素）、复合无机氮肥（磷酸氢二铵）、有机氮肥（羊粪）后，各处理组的产量动态见图 6-22。由图 6-22 可知，施氮组的产量累积主要发生在 7 月 28 日前，对照组（不施氮）的产量累积主要发生在 7 月 4 日之前，这与施氮延迟营养生长期有密切关系，氮匮乏导致繁殖生长期的提前。施氮类型对燕麦最终地上生物量影响的大小排序为：尿素＞50% 尿素 +50% 羊粪＞磷酸氢二铵≈50% 磷酸氢二铵 +50% 羊粪＞羊粪，相比单施羊粪，单施尿素、50% 尿素 +50% 羊粪、磷酸氢二铵、50% 磷酸氢二铵 +50% 羊粪的叶面积增长率分别为185%、128%、94% 和 91%（$P<0.001$），最高地上生物量出现在单施尿素处理组。综合上

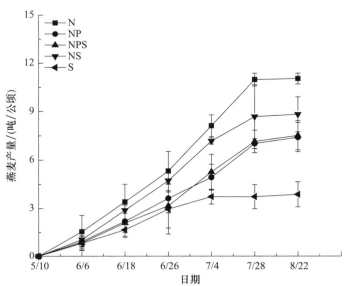

N—100%尿素；NP—100%磷酸氢二铵；NPS—50%磷酸氢二铵+50%羊粪；
NS—50%尿素+50%羊粪；S—100%羊粪。

图 6-22　施氮类型对燕麦产量的影响

述，单质无机氮肥（尿素）比复合无机氮肥（磷酸氢二铵）、有机氮肥（羊粪）更能促进燕麦产量的提高，且延长其生长期长度，而复合无机氮肥（磷酸氢二铵）的促进作用介于单质无机化肥（尿素）和有机氮肥（羊粪）之间。

通过研究有机氮肥田块和无机氮肥对作物干物质产量和施氮量的影响发现，有机氮肥和无机氮肥都能够增加作物的干物质产量和氮吸收量（Jokela，1992；Eghball 和 Power，1999a；Randall 等，1999；Loecke 等，2004；Ferguson 等，2005）。有机氮肥的增产作用已经被不同研究结论证实（Jokela，1992；Eghball 和 Power，1999a；Randall 等，1999；Loecke 等，2004；Ferguson 等，2005），有机氮肥能够提高作物产量的合理解释是，施用有机氮肥能够增加土壤有机质含量、土壤保水性、渗透性以及土壤理化性质的改进，并能提供磷、钾、钙等多种养分（Liu 等，2013；Wang 等，2015）。但施用有机氮肥导致作物产量下降的研究结论也屡见不鲜。有研究表明，对玉米施用有机氮肥降低了籽粒和青饲料产量（Mathers 和 Stewart，1974；Sutton 等，1986），类似的结论也出现在其他作物品种（Mathers 和 Stewart，1974；Haynes 和 Naidu 1998；Sumner 2000；Kumar 等，2005）。Chirinda 等（2010）发现，长期施用有机氮肥，虽然改善了土壤质量并增加了土壤微生物活性，但作物产量仍低于无机氮肥处理。Birkhofer 等（2008）也有相似结论：长期施用有机氮肥（堆肥）的作物产量比施用无机氮肥的低 23%。上述研究中有机氮肥导致作物减产主要归因于 2 个原因：① 当有机氮肥施用过量时，其高浓度的盐量抑制发芽或损伤幼苗，并导致土壤表面结壳，形成不亲水蜡状物质减少土壤水分吸收；② 当有机氮肥施用量过低时，有机氮肥的氮释放速率无法匹配植物对氮的吸收速率（Wang 等，2013；Schlegel 等，2015）。就施氮类型方面，在西藏农田施单质无机氮肥（尿素）比施用复合无机氮肥（磷酸氢二铵）和有机氮肥（羊粪）更能促进饲草的叶面积指数、叶绿素含量和产量提高，复合氮肥（磷酸氢二铵）的肥效高于有机氮肥（羊粪）。

3. 有机无机氮肥配比技术研究

（1）有机无机氮肥配施比例对饲草生长的影响　对燕麦添加单质无机氮肥（尿素）、有机氮肥（羊粪）和有机无机混合肥（尿素＋羊粪）后，各组处理的叶面积指数动态见图 6-23。由图 6-23 可知，尿素与羊粪搭配施用并没有显著提高燕麦的叶面积指数（$P<0.001$），各施氮类型对叶面积指数的影响排序为：单施尿素＞25% 羊粪＞50% 羊粪＞75% 羊粪＞单施羊粪。以 7 月 4 日燕麦叶面积指数为例，相比单施羊粪，单施尿素、25% 羊粪、50% 羊粪、75% 羊粪下的燕麦叶面积增幅分别为 166%、117%、88% 和 84%（$P<0.001$），最高叶面积指数出现在单施尿素处理组。以上结果表明，单质无机氮肥（尿素）比有机氮肥（羊粪）更能促进叶面积指数的增加，而有机无机氮肥（尿素＋羊粪）配施不能提高叶面积指数。

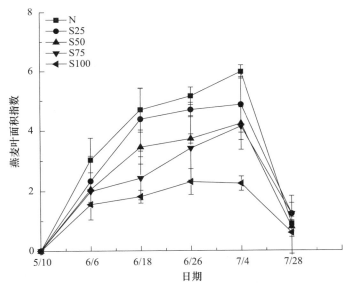

N—100%尿素；NP—100%磷酸氢二铵；NPS—50%磷酸氢二铵+50%羊粪；NS—50%尿素+50%羊粪；S—100%羊粪。

图 6-23　有机无机氮肥配施比例对燕麦叶面积指数的影响

对燕麦添加不同配施比例的有机无机氮肥（尿素＋羊粪）后（图 6-24），各施氮配施比例对燕麦叶绿素含量的影响排序为：单施尿素＞25% 羊粪＞50% 羊粪＞75% 羊粪＞单施羊粪，以 7 月 4 日燕麦叶绿素含量为例，相比单施羊粪，单施尿素、25% 羊粪、50% 羊粪、75% 羊粪下的燕麦叶绿素含量增幅分别为 67%、61%、58% 和 37%，最高叶绿素含量出现在单施尿素处理组。

以上结果表明，无机氮肥（尿素）比有机氮肥（羊粪）更能促进叶绿素的增加，而有机无机氮肥配施（羊粪＋尿素）提高燕麦叶绿素含量的效果低于无机氮肥。

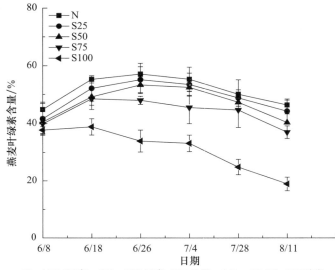

N—100%尿素；S25—75%尿素+25%羊粪；S50—50%尿+50%羊粪；
S75—25%尿素+75%羊粪；S100—100%羊粪。

图6-24　有机无机氮肥配施比例对燕麦叶绿素含量的影响

（2）有机无机氮肥配施比例对饲草产量的影响　对燕麦添加不同配施比例的有机无机氮肥（尿素＋羊粪）后，各施氮类型下的产量动态见图6-25。由此可知，S100处理组的产量累积主要发生在7月4日之前，其他施氮组的产量累积主要发生在7月28日前。配施比例对燕麦最终地上生物量影响的大小排序为：单施尿素＞25%羊粪＞50%羊粪＞75%羊粪＞单施羊粪，相比单施羊粪，单施尿素、25%羊粪、50%羊粪、75%羊粪的产量增幅分别为185%、164%、128%和115%（$P<0.001$），最高地上生物量出现在单施尿素处理组。以上结果表明，无机氮肥（尿素）比有机氮肥（羊粪）更能促进地上生物量的增加，有机无机氮肥配施（羊粪＋尿素）提高地上生物量的效果低于无机氮肥。

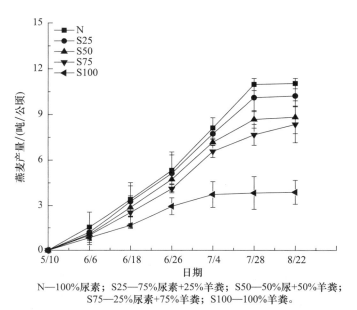

N—100%尿素；S25—75%尿素+25%羊粪；S50—50%尿+50%羊粪；
S75—25%尿素+75%羊粪；S100—100%羊粪。

图 6-25　有机无机氮肥配施比例对燕麦产量的影响

　　因为有机氮肥和无机氮肥各自的特点和优势，有机和无机氮肥配施是很多学者倡导的施氮策略。研究表明，有机氮肥和无机氮肥配施能够增加玉米产量，矿物养分和有机养分之间的交互作用是作物获得及时氮供应的重要原因。在本研究试验中，有机氮肥和无机氮肥配施（羊粪＋尿素）处理的燕麦产量较之单质无机氮肥（尿素）处理低 8%～24%，且随着有机氮肥（羊粪）配施比例的提高，燕麦产量逐渐降低。有机氮肥的可利用氮释放速率受土壤中酶和微生物活性的调节，而环境温度和水分直接影响土壤酶和微生物的活性。由于西藏温度较低且气候干燥，有机质矿化分解率处于较低水平，西藏农田中有机氮肥的可利用氮释放速率也处于较低水平，在华东地区、长江中下游等地区出现的有机氮肥肥效优于无机氮肥的现象并没有在西藏出现。有机、无机氮肥肥效的高低还与施用年限有关，本试验为短期研究，未把有机、无机氮肥肥力的长期性纳入研究范畴，未来的研究工作将持续开展有机、无机氮肥定位研究，明确西藏农田有机、无机氮肥的长期肥效规律。

4. 氮利用效率研究

（1）施氮量和施氮类型对饲草氮利用效率的影响　为明确施氮对饲草氮利用效率的影响，本研究将氮肥表观利用率、氮肥偏生产力、土壤氮依存率和氮肥农艺利用率进行计算与统计（表 6-13 和表 6-14）。由表 6-13 可知，随着施氮量的增加，燕麦植株产量、含氮量、植株总氮量与之呈线性或二次曲线性增长（$P < 0.001$），相比不施氮处理，增幅分别可达 90%～149%，35%～100% 和 143%～400%。随施氮量的增加，氮肥偏生产力和氮肥农艺利用率呈线性降低（$P < 0.05$），最大值皆出现在最低施氮水平（156 千克 / 公顷），最小值均出现在最高施氮水平（570 千克 / 公顷）上。燕麦的氮肥表观利用率为47%～76%，氮肥表观利用率随着施氮量的增加呈现先增长后下降趋势，在363 千克 / 公顷施氮水平下最高，在最高施氮水平（570 千克 / 公顷）下最低。随着施氮量的增加，土壤氮依存率显著降低，当施氮量大于 363 千克 / 公顷时，土壤依存率维持在同一水平，增加施氮量会降低燕麦氮利用效率，也降低了燕麦从土壤获取氮的比重。

表 6-13　施氮量对燕麦氮利用效率的影响

项目	施氮量 /（千克 / 公顷）						SEM	P 值		
	0	156	258	363	465	570		施氮	线性	二次曲线性
产量 /（吨 / 公顷）	4.9	9.3	12.2	14.6	12.9	12.2	0.77	<0.001	<0.001	<0.001
氮含量 /（克 / 千克）	13.9	18.7	21.0	23.7	26.2	27.8	1.19	<0.001	<0.001	<0.001
植株总氮量 /（吨 / 公顷）	0.07	0.17	0.26	0.35	0.35	0.34	0.026	<0.001	<0.001	<0.001
氮肥偏生产力	—	58.8	46.7	39.6	27.5	21.1	3.62	<0.001	<0.001	<0.001
氮肥农艺利用率	—	27.9	27.9	26.3	17.1	12.7	1.74	<0.001	<0.001	<0.001
土壤氮依存率	1	0.39	0.27	0.20	0.20	0.20	0.021	<0.001	<0.001	<0.001
氮肥表观利用率	—	0.67	0.72	0.76	0.59	0.47	0.031	=0.003	=0.010	<0.001

表 6-14　施氮量对青稞氮利用效率的影响

项目	施氮量/（千克/公顷）						SEM	P 值		
	0	156	258	363	465	570		施氮	线性	二次曲线性
产量/（吨/公顷）	2.9	7.6	8.2	11.7	10.5	7.0	0.77	<0.001	<0.001	<0.001
氮含量/（克/千克）	13.6	18.9	23.8	24.3	29.4	29.5	1.41	<0.001	=0.007	<0.001
植株总氮量/（吨/公顷）	0.04	0.14	0.18	0.29	0.32	0.27	0.100	<0.001	<0.001	<0.001
氮肥偏生产力	—	48	32	32	22	12	3.1	<0.001	=0.021	=0.010
氮肥农艺利用率	—	30	21	24	16	7	2.0	=0.003	<0.001	<0.001
土壤氮依存率	1	0.49	0.37	0.24	0.21	0.25	0.028	<0.001	<0.001	<0.001
氮肥表观利用率	—	0.65	0.67	0.62	0.60	0.40	0.032	<0.001	=0.066 0	=0.026

表 6-15　施氮类型对燕麦氮利用效率的影响

项目	对照	S	NPS	NP	NS	N	SEM	P 值		
								施氮	线性	二次曲线性
总氮投入/（千克/公顷）	0	50	100	140	210	370		施氮	线性	二次曲线性
产量/（吨/公顷）	1.7	3.9	7.5	7.4	8.8	11.1	0.75	<0.001	<0.001	<0.001
氮含量/（克/千克）	8.7	13.8	11.4	10.5	14.8	23.7	1.188	<0.001	<0.001	<0.001
植株总氮量/（吨/公顷）	0.01	0.05	0.09	0.08	0.13	0.26	0.019	<0.001	<0.001	<0.001
氮肥偏生产力	—	72	70	55	46	31	0.051	<0.001	=0.057	<0.001
氮肥农艺利用率	—	42.5	43.02	40.85	34.3	24.10	1.75	=0.097	=0.010	=0.028
土壤氮依存率	1	0.27	0.17	0.19	0.12	0.06	0.020	<0.001	<0.001	<0.001
氮肥表观利用率	—	0.37	0.73	0.45	0.8	0.67	0.049	<0.001	=0.654	=0.936

　　由表 6-14 可知，随着施氮量增加，青稞植株产量、含氮量、植株总氮量呈线性或者二次曲线性增长（$P<0.001$），相比不施氮处理，增幅分别可达

160%～301%，39%～117% 和 250%～575%。随着施氮量增加，氮肥偏生产力和氮肥农艺利用率呈线性或者二次曲线性降低（$P<0.05$），最大值皆出现在最低施氮水平（156 千克/公顷），最小值出现在最高氮水平（570 千克/公顷）。青稞的氮肥表观利用率为 40%～65%，氮肥表观利用率随着的施氮量的增加呈现下降趋势（$P<0.001$），在 258 千克/公顷施氮水平下最高，在 570 千克/公顷施氮水平下最低。随着施氮量的增加，土壤氮依存率显著降低，当施氮水平大于 363 千克/公顷时土壤依存率无显著差异。增加施氮量降低青稞氮利用效率，进而降低其从土壤获取氮的比重。

为明确施氮类型对饲草氮利用效率的影响，本研究开展有机氮肥羊粪（S）、单质无机氮肥尿素（N）和复合无机氮肥磷酸氢二铵（NP）条件下的饲草氮利用效率试验，结果见表 6-15。不同施氮类型的燕麦氮利用效率差异显著，而各处理中总含氮量的差异是影响氮利用效率的主要原因（$P<0.001$）。随着总含氮量增加，氮肥偏生产力呈线性或者二次曲线性降低（$P\leqslant0.001$），最大值皆出现在最低施氮水平（156 千克/公顷）。氮肥农艺利用率在 NPS（50% 磷酸氢二铵 +50% 羊粪）和 NP 处理组最大。氮肥表观利用率随着的施氮量的增加呈下降趋势（$P<0.001$），燕麦的氮肥表观利用率为 37%～80%，在 NS 和 NPS 组最高，在 S 处理组最低。土壤素依存率在无尿素处理组（如单施羊粪和单施磷酸氢二铵处理较高，这说明尿素能降低燕麦从土壤中获取氮的比重，羊粪能提高燕麦从土壤中获取氮的比重。

为验证高寒地区有机无机氮肥配施在氮利用效率方面是否存在优势，本试验研究了有机氮肥和无机氮肥配施比例对饲草氮利用效率的影响。由表 6-16 可知，随着羊粪配施比例的增加，各处理的燕麦总含氮量降低，植株产量、含氮量和植株总氮量呈线性下降（$P<0.001$），并在 S100（100% 羊粪）处理最低，在 N 处理最高，即羊粪降低燕麦产量、氮含量和植株总氮量。随着总施氮量增加，氮肥偏生产力、土壤氮依存率和氮肥农艺利用率呈现先上升后下降的趋势（$P<0.05$），最大值出现在 S75（75% 羊粪 +25% 尿素）或者 S50（50% 羊粪 +50% 尿素）中，而单独施用羊粪的氮肥偏生产力、土壤氮依存率和氮肥农艺利用率最低。燕麦的氮肥表观利用率为 37%～80%，氮肥表观利用率随着总施氮量的增加呈现先上升后下降趋势（$P<0.001$），在 S50 处理下

最高，在 S100 处理下最低。由上可知，相比仅施用无机氮肥（N 处理），适宜比例的有机无机氮肥配施（S50、S75）可提高燕麦土壤氮依存率、氮肥农艺利用率和氮肥表观利用率，但不能增加燕麦产量。

表 6-16　有机无机氮肥配施比例对燕麦氮利用效率的影响

项目	对照	S100	S75	S50	S25	N	SEM	P 值		
								施氮	线性	二次曲线性
总氮投入 /（千克 / 公顷）	0	50	130	210	290	370				
产量 /（吨 / 公顷）	1.7	3.9	8.4	8.8	10.2	11.1	0.45	<0.001	<0.001	<0.001
氮含量 /（克 / 千克）	8.7	13.8	14.4	14.8	19.1	23.7	1.15	<0.001	<0.001	<0.001
植株总氮量 /（吨 / 公顷）	0.01	0.05	0.12	0.13	0.20	0.26	0.020	<0.001	<0.001	<0.001
氮肥偏生产力	—	72	81	46	35	31	0.051	<0.001	=0.903	=0.023
氮肥农艺利用率	—	42.5	51.2	34.3	29.8	24.10	2.00	<0.001	<0.001	<0.001
土壤氮依存率	1	0.27	0.27	0.12	0.11	0.06	0.023	<0.001	<0.001	<0.001
氮肥表观利用率	—	0.37	0.73	0.80	0.55	0.67	0.030	<0.001	=0.027	=0.006

（2）施氮量和施氮类型对土壤铵态氮和硝态氮含量的影响　施氮量直接影响土壤铵态氮和硝态氮的含量。本研究中的田间试验表明（表 6-17），随着施氮量的增加，燕麦在生长前期 0～30 厘米土层铵态氮和硝态氮含量会迅速增加，并呈线性或者二次曲线性增长（$P<0.05$）；施氮后土壤中铵态氮含量增幅（2.55～15.8 微克 / 克）大于硝态氮含量增幅（0.45～14.69 微克 / 克）；土壤 0～30 厘米矿质态氮的增量呈上多下少分布，铵态氮和硝态氮的浓度增量主要出现在 0～10 厘米土层。在 363～570 千克 / 公顷施氮量水平下土壤中铵态氮含量并无显著差异，在 465～570 千克 / 公顷施氮量水平下土壤中硝态氮含量亦无显著差异。

表6-17 施氮量对燕麦土壤铵态氮和硝态氮含量增加量的影响

项目	土层/厘米	燕麦	施氮量/（千克/公顷）						SEM	P值		
			0	156	258	363	465	570		施氮	线性	二次曲线性
NH_4^+-N（微克/克）	0~10	生长前期	0.32	4.49	14.39	15.46	15.49	15.80	0.104	<0.001	<0.001	<0.001
		生长中期	1.14	2.35	2.77	2.88	3.06	2.78	0.054	=0.002	<0.001	<0.001
		生长后期	0.19	0.51	0.52	−0.15	−0.59	−0.27	0.003	<0.001	<0.001	=0.013
	10~20	生长前期	0.49	2.55	5.46	6.64	6.83	6.71	0.74	<0.001	<0.001	<0.001
		生长中期	1.72	2.59	2.67	2.58	2.61	2.72	0.08	<0.001	<0.001	=0.003
		生长后期	1.03	1.37	1.29	0.98	0.96	0.79	0.02	<0.001	<0.001	<0.001
	20~30	生长前期	0.42	2.93	2.52	5.46	5.60	5.72	0.96	<0.001	<0.001	<0.001
		生长中期	0.93	1.29	2.30	3.92	4.25	5.26	0.04	<0.001	<0.001	NS
		生长后期	0.77	0.65	0.75	0.58	0.62	0.54	0.02	<0.001	<0.001	NS
NO_3^--N（微克/克）	0~10	生长前期	0.03	0.36	5.61	12.66	14.68	14.69	0.008	<0.001	<0.001	NS
		生长中期	0.16	0.23	0.39	0.46	0.48	0.58	0.002	<0.001	<0.001	NS
		生长后期	−0.06	−0.19	−0.16	−0.28	−0.28	−0.35	0.002	<0.001	<0.001	NS
	10~20	生长前期	0.47	0.47	1.97	2.48	2.72	3.42	0.011	<0.001	<0.001	NS
		生长中期	0.13	0.17	0.20	0.22	0.25	0.84	0.006	<0.001	<0.001	<0.001
		生长后期	−0.04	−0.04	−0.04	−0.07	−0.05	−0.05	0.001	NS	NS	NS
	20~30	生长前期	0.27	0.44	0.45	0.71	0.85	0.88	0.015	<0.001	<0.001	NS
		生长中期	0.06	0.15	0.17	0.23	0.25	0.35	0.005	<0.001	<0.001	NS
		生长后期	−0.09	−0.09	−0.18	−0.16	−0.36	−0.31	0.002	<0.001	<0.001	NS

注：NS 表示无显著性差异

除受施氮量直接影响外，土壤铵态氮和硝态氮含量还会随饲草生育期而发生动态变化。在生长前期土壤铵态氮和硝态氮含量最高，到生长中后期，土壤铵态氮和硝态氮含量均逐步降低，且土壤铵态氮回落速率低于硝态氮回落速率，土壤硝态氮的持续时间比较短暂，只在施氮后短期内表现出土壤硝态氮含量增加的效果。生长中期土壤硝态氮含量均低于 0.84 微克 / 克，而铵态氮含量为 0.79～6.83 微克 / 克。后期土壤硝态氮在 0～30 厘米土层皆出现亏缺，铵态氮仅在表层出现亏缺，而对照组亏缺最少。

与燕麦相同，青稞（表 6-18）在生长前期 0～30 厘米土层矿质态氮含量随着施氮量的增加而迅速增加，呈线性或者二次曲线性增长（$P < 0.05$）；施氮后土壤中铵态氮含量增幅大于硝态氮含量增幅；土壤 0～30 厘米矿质态氮的浓度增量呈上多下少分布，铵态氮和硝态氮含量的增加主要出现在 0～10 厘米土层。在 465～570 千克 / 公顷施氮量水平下，土壤中铵态氮和硝态氮含量并无显著差异。土壤铵态氮和硝态氮含量随生育期发生动态变化，在生长前期土壤铵态氮和硝态氮含量最高，在生长中、后期，土壤铵态氮和硝态氮含量均降低。土壤铵态氮回落速率低于硝态氮回落速率；后期土壤硝态氮在 0～30 厘米土层皆出现亏缺，对照组亏缺最低，而铵态氮没有出现亏缺。

为明确施氮类型对土壤铵态氮和硝态氮含量的影响，对添加有机氮肥羊粪（S）、单质无机氮肥（N）和复合无机氮肥磷酸氢二铵（NP）的土壤铵态氮和硝态氮含量进行分析，以本底土壤初始铵态氮和硝态氮含量为基准，得到土壤中铵态氮和硝态氮含量变化的动态过程（图 6-26）。

施氮类型影响土壤铵态氮和硝态氮含量。相比复合无机氮肥磷酸氢二铵（NP）和有机氮肥羊粪（S）处理，单施单质无机氮肥尿素（N）处理的土壤铵态氮和硝态氮含量增量最高，最高增量分别达 15.5 微克 / 克和 14.7 微克 / 克，对照组、单施有机氮肥羊粪（S）、有机氮肥 + 复合无机氮肥比例配施处理（NPS）处理下的土壤铵态氮和硝态氮含量增量较低。按照施氮类型对土壤铵态氮和硝态氮含量的影响由大到小排序为：单质无机氮肥尿素（N）> 复合无机氮肥磷酸氢二铵（NP）> 有机氮肥羊粪（S）。

同一施氮类型处理的土壤铵态氮和硝态氮增量不同，除了复合无机氮肥磷酸氢二铵之外，其他施氮处理的土壤硝态氮含量显著低于铵态氮含量。除施氮

表6-18 施氮量对青稞土壤铵态氮和硝态氮含量增加量的影响

项目	土层/厘米	青稞	施氮量/（千克/公顷）						SEM	P值		
			0	156	258	363	465	570		施氮	线性	二次曲线性
NH$_4^+$-N（微克/克）	0~10	生长前期	0.46	5.45	11.10	14.63	16.72	17.43	0.076	<0.001	<0.001	=0.001
		生长中期	1.21	1.52	1.62	1.71	1.74	1.87	0.026	=0.002	<0.001	NS
		生长后期	0.67	0.21	0.41	-0.56	-0.43	-1.41	0.005	<0.001	<0.001	=0.001
	10~20	生长前期	0.63	1.04	4.75	6.99	11.07	12.98	0.06	<0.001	<0.001	<0.001
		生长中期	1.62	1.54	2.13	2.75	4.26	4.68	0.12	<0.001	<0.001	=0.002
		生长后期	0.83	0.83	0.71	0.80	0.78	0.84	0.04	NS	NS	NS
	20~30	生长前期	0.23	1.44	2.87	6.71	7.47	7.56	0.11	<0.001	<0.001	NS
		生长中期	0.71	0.96	1.17	1.35	2.69	2.78	0.03	<0.001	<0.001	=0.001
		生长后期	0.17	0.24	0.24	0.28	0.46	0.30	0.01	NS	NS	NS
NO$_3^-$-N（微克/克）	0~10	生长前期	0.28	1.29	2.74	5.12	8.08	9.26	0.075	<0.001	<0.001	<0.001
		生长中期	-0.01	0.09	0.33	0.50	0.88	0.91	0.009	<0.001	<0.001	=0.005
		生长后期	-0.10	-0.09	-0.18	-0.33	-0.01	-0.13	0.006	NS	NS	NS
	10~20	生长前期	0.45	0.49	0.81	1.31	1.39	1.50	0.037	<0.001	<0.001	NS
		生长中期	0.13	0.24	0.25	0.31	0.47	0.47	0.012	<0.001	<0.001	NS
		生长后期	0.09	-0.15	-0.16	-0.19	-0.18	-0.35	0.005	<0.001	<0.001	=0.002
	20~30	生长前期	0.11	0.37	0.43	1.01	1.56	1.61	0.007	<0.001	<0.001	NS
		生长中期	-0.16	0.04	0.07	0.09	0.13	0.22	0.005	<0.001	<0.001	NS
		生长后期	-0.19	-0.19	-0.25	-0.27	-0.32	-0.32	0.012	NS	NS	NS

注：NS 表示无显著性差异

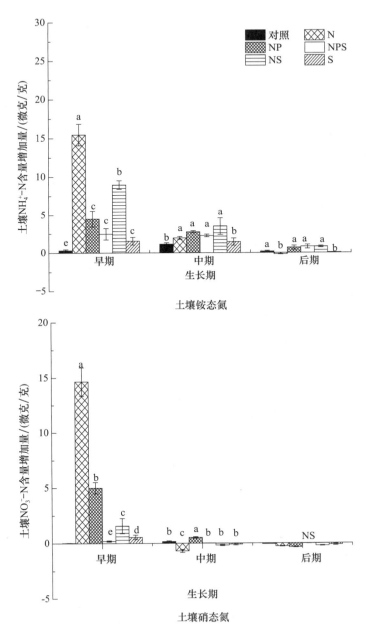

对照—不施氮肥；N—100%尿素；NP—100%磷酸氢二铵；NPS—50%磷酸氢二铵+50%羊粪；NS—50%尿素+50%羊粪；S—100%羊粪；柱状图上字母表示显著性差异（$P<0.05$）。

图 6-26 施氮类型对燕麦土壤铵态氮和硝态氮含量增加量的影响

类型外，土壤铵态氮和硝态氮含量还会随生育期发生动态变化，所有施氮类型的土壤硝态氮增量在生长后期出现负值，即土壤硝态氮出现亏缺，而土壤铵态氮仅在单质无机氮肥尿素（N）处理中出现亏缺，其他施氮类型处理尚有盈余。

为进一步明确高寒地区有机氮肥和无机氮肥配施在土壤氮供给方面是否存在优势，及其与作物氮利用效率之间的关系，本研究对有机无机氮肥不同配施比例下土壤铵态氮和硝态氮含量动态变化进行分析。由图 6-25 可知，随着有机氮肥羊粪（S）的配施比例增加，生长前期的土壤铵态氮和硝态氮增量逐步降低。在单质无机氮肥（N）处理下铵态氮和硝态氮含量增幅最大，为 15.5 微克 / 克和 14.7 微克 / 克，对照处理（不施氮）和单质无机氮肥羊粪（N）处理下的铵态氮和硝态氮含量增幅最小，分别为 0.3～1.5 微克 / 克和 0.03～0.05 微克 / 克，这表明，单质无机氮肥（N）和有机氮肥羊粪（S）对土壤无机氮含量的提升效果具有显著差异。

土壤铵态氮和硝态氮含量在同一处理也存在差异，所有配施比例下的硝态氮含量均显著低于铵态氮含量（图 6-27）。与对照组相比，各处理组的铵态氮含量皆有显著性提高。当有机氮肥羊粪（S）配施比例大于等于 75% 时，土壤硝态氮无明显增加。

土壤铵态氮和硝态氮含量随生育期发生动态变化，所有施氮类型的土壤硝态氮增量在生长后期出现负值，即土壤硝态氮出现亏缺；土壤铵态氮仅在单质无机氮肥尿素（N）处理中出现亏缺，其他施氮类型处理尚有盈余。

由上可知，施加无机氮肥能够迅速提高土壤无机氮含量，但回落也很迅速。添加一定比例有机氮肥羊粪（S）后，土壤在生育期中、后期仍有保持一定的铵态氮水平。配施有机氮肥羊粪（S）能有效防止土壤硝态氮盈余现象发生，但当羊粪配施比例大于等于 75% 时，土壤铵态氮和硝态氮增幅较小或不明显，降低了土壤的氮供给能力，不利于饲草产量积累。

（3）施氮类型对土壤微生物量氮含量的影响　土壤微生物量氮是土壤有机质最活跃的成分，直接或间接地调节、控制土壤养分的转化和供应。土壤微生物固氮是土壤氮残留的重要去向之一，农田生态系统受施氮量、施氮类型和施氮时期等的影响，土壤微生物对无机氮的固持作用更为复杂。由图 6-28

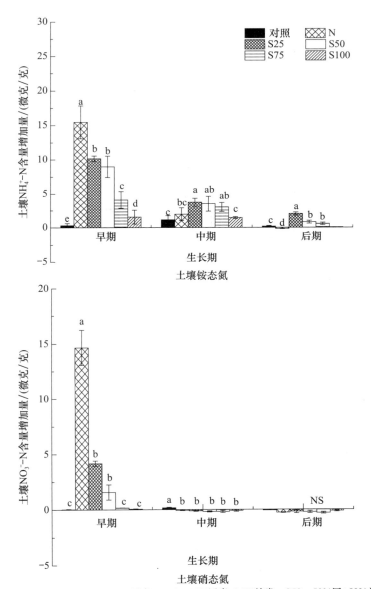

对照—不施氮肥；N—100%尿素；S25—75%尿素+25%羊粪；S50—50%尿素+50%羊粪；
S75—25%尿素+75%羊粪；S100—100%羊粪；柱状图上字母表示显著性差异（$P<0.05$）。

图 6-27　有机氮、无机氮肥配施比例对燕麦土壤铵态氮和硝态氮含量增加量的影响

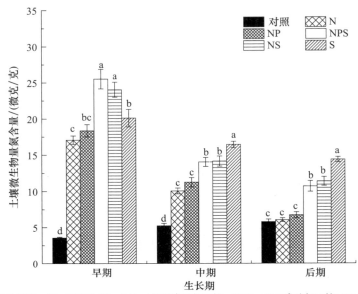

对照—不施氮肥；N—100%尿素；NP—100%磷酸氢二铵；NPS—50%磷酸氢二铵+50%羊粪；
NS—50%尿素+50%羊粪；S—100%羊粪；柱状图上字母表示显著性差异（$P<0.05$）。

图6-28 氮肥类型对燕麦土壤微生物量氮含量的影响

可知，单质无机氮肥尿素（N）、复合无机氮肥磷酸氢二铵（NP）和有机氮肥羊粪（S）都能提高土壤微生物量氮的含量，且土壤微生物量氮随生育期发生动态变化。相比对照组，生长前期施氮组的微生物量氮提高379%～616%，生长中期施氮组提高92%～214%，生长后期施氮组提高5%～150%。在生长前期，有机氮肥羊粪+复合无机氮肥磷酸氢二铵处理（NPS）和有机氮肥羊粪+单质无机氮肥尿素处理（NS）的微生物量氮无显著差异，但显著高于其他施氮类型，生长中期和后期有机氮肥羊粪处理（S）具有最高微生物量氮。在生长前期，有机氮肥羊粪（S）处理的微生物量氮与复合无机氮肥磷酸氢二铵（NP）处理无显著差异，略高于单质无机氮肥尿素（N）处理；在生长中后期，单质无机氮肥尿素（N）和复合无机氮肥磷酸氢二铵（NP）处理的微生物量氮无显著差异，且显著低于有机氮肥羊粪处理（S）。综上可知，施氮后土壤微生物量氮增加，但不同施氮类型间存在差异，有机氮肥更有利于微生物量氮的累积，有机无机氮肥配施（如NS和NPS处理）更有利于激发微生物对氮的固持量，但单施有机氮肥则能够让土壤微生物量氮在生长后期仍维持在较高水平。

由图 6-29 可知，有机氮和无机氮肥配施提高土壤微生物量氮的含量，且这种促进作用与作物生育期相关，相比对照组，生长前期施氮组微生物量氮提高 379%～607%，生长中期提高 92%～220%，生长后期提高 5%～149%。随着有机氮肥配施比例的增加，微生物量氮在生长前期和中期呈现二次曲线性增长趋势（$P<0.001$），在生长末期呈线性增长趋势（$P<0.001$）。由此可知，无机氮肥与有机氮肥配施对微生物量氮的影响与作物生育期密切相关，在生长前期和中期，无机氮肥与有机氮肥按比例配施对微生物量氮的固持作用高于单施无机氮肥或者有机氮肥，而在生长后期，有机氮肥更能促进微生物对氮的固持。

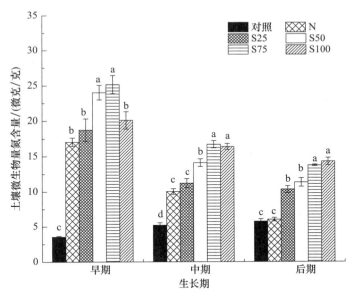

对照—不施氮肥；N—100%尿素；S25—75%尿素+25%羊粪；S50—50%尿素+50%羊粪；
S75—25%尿素+75%羊粪；S100—100%羊粪；柱状图上字母表示显著性差异（$P<0.05$）。

图 6-29　有机氮、无机氮肥配施比例对燕麦土壤微生物量氮含量的影响

根据是否添加有机氮肥（碳源）为划分标准，将氮利用效率、土壤铵态氮、硝态氮和微生物量氮进行相关性分析。由表 6-19 和表 6-20 可知，无论是否添加碳源（有机氮肥），土壤氮依存率与施氮量均呈负相关，这证明有机氮肥和无机氮肥都能有效增加土壤氮的可用性，同时降低来自土壤氮库的吸收比例。

表 6-19　施氮与氮利用效率的相关性分析（不含有机肥）

项目	施氮	氮肥偏生产力	氮肥农艺利用率	土壤氮依存率	氮肥表观利用率	微生物量氮
施氮量	1.00	−0.72	−0.80	−0.95*	−0.38	0.524
NH_4^+ 含量	0.94**	−0.88	−0.40	−0.85*	−0.60	0.731
NO_3^- 含量	0.96**	−0.89*	−0.60	−0.88*	−0.61	0.436
微生物量氮含量	0.524	0.015	0.962**	0.589*	−0.231	1.00

注：** 表示 $P<0.001$；* 表示 $P<0.05$。

表 6-20　施氮与氮利用效率的相关性分析（混施有机肥）

项目	施氮	氮肥偏生产力	氮肥农艺利用率	土壤氮依存率	氮肥表观利用率	微生物量氮	有机肥
施氮量	1.00	−0.04	−0.86	−0.92*	0.32	0.13	−0.39
NH_4^+ 含量	0.98**	0.07	−0.83	−0.95*	0.44	0.17	−0.38
NO_3^- 含量	0.69	−0.15	−0.67	−0.59	0.10	−0.25	−0.51
微生物量氮含量	0.13	0.47	0.94*	0.83*	0.13	1.00	0.83*
有机肥	−0.39	0.04	0.86	0.92*	−0.32	0.83*	1.00

注：** 表示 $P<0.001$；* 表示 $P<0.05$。

不添加碳源时，氮肥表观利用率与施氮量、土壤铵态氮、硝态氮呈负相关；而添加碳源后，氮表观利用率与施氮量、土壤铵态氮、硝态氮呈正相关，这证明有机无机氮肥配施改善了施用无机氮肥导致的土壤矿质氮过剩的情况，减少了氮损失风险，促进了植物对肥料氮的吸收。不添加碳源时，施氮量和土壤微生物量氮的相关性 $R^2=0.524$；添加碳源后，施氮量与土壤微生物量氮的相关性降为 $R^2=0.13$，这表明添加有机氮肥削弱了无机氮肥对土壤微生物量氮的影响，实质是土壤微生物对碳源更敏感所致。与不添加碳源相比，添加碳源导致微生物量氮与土壤 NH_4^+ 间的相关性降低以及微生物量氮与土壤 NO_3^- 的相关性由正转负，这与有机氮肥促进微生物固持和土壤离子吸附有密切关系。

从施氮量、施氮类型（单质无机氮肥、复合无机氮肥和有机氮肥）和有机无机氮肥配施 3 个方面开展西藏农田氮利用效率、土壤铵态氮、硝态氮和微生物量氮的研究，获得以下结论。

① 随着施氮量增加，燕麦和青稞的氮肥表观利用率呈先增长后下降趋势，土壤氮依存率随施氮量的增加显著降低。燕麦的氮肥表观利用率为 47%～76%，在 363 千克/公顷施氮水平下最高，在 570 千克/公顷施氮水平下最低；青稞的氮肥表观利用率为 40%～67%，在 258 千克/公顷施氮水平下最高，在 570 千克/公顷施氮水平下最低。

② 不同施氮类型下，无机氮肥在短期内更有利于产量提高。添加单质无机氮肥（尿素）、复合无机氮肥（磷酸氢二铵）和有机氮肥（羊粪）的氮肥表观利用率分别是 67%、45% 和 37%，产量分别是 11.1 吨/公顷、7.4 吨/公顷和 3.9 吨/公顷。

③ 在有机氮肥和无机氮肥配施比例研究中，将氮肥表观利用率和产量纳入施氮考量，建议羊粪的配施比例范围 25%～50%。随有机氮肥羊粪比例的增加，燕麦产量、含氮量和植株总氮量呈线性下降，氮肥表观利用率呈先上升后下降趋势，50% 羊粪配施比例处理（S50）的氮肥表观利用率最高。

随施氮量的增加，0～30 厘米的土层铵态氮和硝态氮的含量呈线性或者二次曲线性增长，铵态氮含量的增幅大于硝态氮含量的增幅，后期土壤硝态氮在 0～30 厘米的土层出现亏缺，铵态氮仅在表层出现亏缺，对照组亏缺最少。

施氮类型对铵态氮和硝态氮含量的影响由大到小排序为：单质无机氮肥尿素＞复合无机氮肥磷酸氢二铵＞有机氮肥羊粪。施加无机氮肥能够迅速提高土壤铵态氮和硝态氮的含量，但回落迅速。添加有机氮肥羊粪能够在生育期中、后期仍有保持一定的铵态氮水平。有机无机氮肥配施能有效防止土壤硝态氮盈余现象发生，但当羊粪配施比例大于等于 75% 时，土壤铵态氮和硝态氮增幅较小或不明显，不利于饲草产量积累。

5. 施氮量对饲草营养品质的影响研究

为明确施氮对饲草营养成分的影响，对施氮后秸秆的粗蛋白质、中性洗涤纤维、酸性洗涤纤维和纤维素等组分进行分析。由表 6-21 可知，燕麦秸秆粗蛋白、中性洗涤纤维、酸性洗涤纤维、纤维素和木质素含量随着施氮量的增加呈现线性或二次曲线性增长（$P<0.001$），增幅分别为 50%～147.7%、8.6%～11.8%、9.3%～20.5%、4.5%～14.4% 和 34.3%～61.2%。粗蛋白质、中性洗涤纤维和酸性洗涤纤维含量的最高值出现在 570 千克/公顷施氮水平，纤维素和木质素含量的最高值分别出现在 465 千克/公顷和 363 千克/公顷施氮水平。由此可知，施氮能够促进燕麦的养分累积。

表 6-21　施氮量对燕麦秸秆化学成分的影响［克/千克（干物质基础）］

项目	施氮量/（千克/公顷）						SEM	P 值		
	0	156	258	363	465	570		施氮	线性	二次曲线性
粗蛋白	44	66	89	93	101	109	0.3	<0.001	<0.001	<0.001
中性洗涤纤维	651	714	711	723	707	728	5.2	<0.001	<0.001	<0.001
酸性洗涤纤维	443	484	515	526	529	534	5.8	<0.001	<0.001	<0.001
纤维素	376	393	423	418	430	427	3.9	<0.001	<0.001	0.001
半纤维素	208	229	198	199	199	202	3.4	NS	NS	NS
木质素	67	90	92	108	100	106	2.8	<0.001	<0.001	0.004

对青稞秸秆进行营养组成分析可知（表 6-22），施氮显著提高了青稞叶部（$p=0.001$）、茎部（$P<0.001$）和籽粒（$P<0.001$）中粗蛋白的含量，随着施氮量的增加，粗蛋白质的含量呈二次曲线性增长（$P<0.001$），施氮还显著提高了中性洗涤纤维、酸性洗涤纤维、纤维素和木质素的含量，秸秆中粗蛋白质含量、中性洗涤纤维、酸性洗涤纤维含量、木质素含量和纤维素含量分别增长 42%～115%、2%～3%、2%～9%、7%～10% 和 0.7%～9%。其中，粗蛋白质含量在 465 千克/公顷施氮水平下最高，而中性洗涤纤维、酸性洗涤

纤维和纤维素的含量则在 570 千克 / 公顷施氮水平下最高。施氮降低了 HBS 中灰分和半纤维素的含量（$P<0.001$）。

表 6-22　施氮量对青稞秸秆化学成分的影响（克 / 千克干物质基础）

项目	施氮量 /（千克 / 公顷）						SEM	P 值		
	0	156	258	363	465	570		施氮	线性	二次曲线性
粗蛋白质										
叶	95	120	142	156	162	155	6.4	0.001	<0.001	<0.001
茎	25	39	65	84	91	85	6.3	<0.001	<0.001	<0.001
秸秆	54	77	101	117	122	116	6.4	<0.001	<0.001	<0.001
中性洗涤纤维	740	756	753	755	754	759	1.4	0.001	<0.001	<0.001
酸性洗涤纤维	492	503	525	532	532	536	3.1	<0.001	<0.001	<0.001
纤维素	417	420	444	452	451	456	3.0	<0.001	<0.001	<0.001
半纤维素	248	247	228	223	222	223	2.6	<0.001	<0.001	<0.001
木质素	74.7	82.6	80.9	80.2	81.1	80.1	0.95	0.012	<0.001	<0.001
灰分	48.9	45.0	44.1	42.9	42.6	40.1	0.71	<0.001	<0.001	<0.001

6. 施氮量对饲草消化率和发酵产气的影响研究

为明确施氮对饲草消化性能的影响，本研究对饲草进行体外瘤胃发酵，以期定量评价施氮对饲草消化、发酵性能的影响。由表 6-23 可知，施氮显著降低了燕麦秸秆的体外干物质消化率（IVDMD，$P<0.001$），IVDMD 随着施氮量的增加呈线性下降趋势，最高降幅可达 15%。当施氮量高于 363 千克 / 公顷时，IVDMD 降幅较大（$\geqslant 12\%$）。施氮还显著降低发酵产气总量 GP_{72}（$P<0.001$），降幅为 9%～24%。当施氮水平小于等于 363 千克 / 公顷时，各施氮水平下的 GP_{72} 和 A 无显著差异。此外，随着施氮量的增加，T1/2 施氮呈呈二次曲线性下降趋势（$P<0.001$），AGPR、参数 c 呈二次曲线性上升趋势（$P<0.001$）。施氮没有改变发酵气体中 CO_2、CH_4 和 H_2 的组成比例。

表 6-23　施氮量对燕麦秸秆体外干物质消化率和发酵产气的影响

项目	施氮量/（千克/公顷）						SEM	P 值		
	0	156	258	363	465	570		施氮	线性	二次曲线性
体外干物质消化率（IVDMD）	0.66	0.66	0.63	0.58	0.59	0.56	0.011	0.036	0.091	NS
72 小时产气量（GP_{72}）/（毫升/克）	93	85	82	77	75	71	1.5	<0.001	<0.001	NS
产气动态参数										
A/（毫升/克）	88	82	78	73	71	67	1.8	<0.001	<0.001	NS
c/小时	0.32	0.21	0.25	0.27	0.29	0.21	0.017	<0.001	NS	<0.001
$T_{1/2}$/小时	1.84	2.24	2.11	2.03	1.96	2.26	0.079	<0.001	NS	<0.001
AGPR/（毫升/小时）	20.3	12.4	14.0	14.2	14.8	10.1	0.45	<0.001	NS	<0.001
发酵产气组分/%										
CO_2	80.2	80.7	81.7	80.8	80.6	79.7[a]	0.24	NS	NS	NS
CH_4	18.8	18.1	17.2	18.4	18.5	19.4	0.23	NS	NS	NS
H_2	0.91	1.09	1.04	0.76	0.77	0.77	0.071	NS	NS	NS

注：A 表示理论产气总量；c 表示常量；$T_{1/2}$ 表示发酵反应延迟时间；AGPR 表示平均产气速率；NS 表示无显著差异。

对施氮后青稞秸秆的发酵特性进行分析（表 6-24）可知，施氮降低了青稞秸秆的消化率（IVDMD）（$P=0.001$），IVDMD 随着施氮量的增加呈二次曲线性降低趋势，降幅为 9%～18%，当施氮量高于 363 千克/公顷时，IVDMD 出现降幅明显（≥9%）。施氮还降低发酵产气总量 GP_{72}（$P<0.001$），降幅为 5%～16%，在施氮量大于等于 363 千克/公顷时，GP_{72} 和 A 显著降低。随着施氮量的增加，参数 c 并未受到施氮的影响，$T_{1/2}$ 呈线性下降趋势（$P=0.065$），AGPR 呈二次曲线性上升趋势（$P<0.001$）。施氮还影响了 CO_2（$P<0.001$）、CH_4（$P=0.001$）的比重，鉴于 H_2 的比重没有改变，CO_2 和 CH_4 的总和也未受施氮影响，这表明施氮未影响含碳类气体发酵模式。综合表 6-23 和表 6-24 可知，施氮降低了饲草营养消化性能和体外瘤胃发酵产气总累积量。

表 6-24　施氮量对青稞秸秆体外干物质消化率和发酵产气的影响

项目	施氮量 /（千克 / 公顷）						SEM	P 值		
	0	156	258	363	465	570		施氮	线性	二次曲线性
体外干物质消化率	0.66	0.60	0.59	0.60	0.56	0.54	0.010	0.007	<0.001	0.001
72 小时产气量（GP_{72}）/（毫升 / 克）	85	81	81	75	79	71	1.5	0.003	0.008	0.001
产气动态参数										
A/（毫升 / 克）	85	84	83	75	76	71	2.7	0.001	<0.001	<0.001
c/小时	0.12	0.13	0.13	0.20	0.16	0.15	0.011	0.064	0.006	0.001
$T_{1/2}$/小时	2.78	2.68	2.73	2.08	2.50	2.58	0.055	<0.001	0.002	0.001
AGPR（毫升 / 小时）	15	17	16	25	19	17	1.6	0.027	NS	0.014
发酵产气组分 /%										
CO_2	80.5	80.8	81.4	79.9	79.8	83.3	0.26	<0.001	0.028	0.008
CH_4	18.3	18.0	17.5	18.7	19.0	15.6	0.25	<0.001	0.022	0.009
H_2	1.02	1.15	0.97	1.23	1.14	1.04	0.061	NS	NS	NS

注：A 表示理论产气总量；c 表示常量；$T_{1/2}$ 表示发酵反应延迟时间；AGPR 表示平均产气速率；NS 表示无显著差异。

7. 施氮量对饲草发酵特性的影响研究

对发酵液的 pH、NH_4^+-N、微生物蛋白 - 氮含量和挥发性脂肪酸总量进行分析（表 6-25）可知，燕麦秸秆发酵液的 pH 随施氮量提高呈线性增长趋势（$P<0.001$）。虽然施氮增加了燕麦秸秆中粗蛋白质含量，但体外发酵液中的微生物粗蛋白质含量和 NH_4^+-N 含量并未受到施氮影响，说明饲料粗蛋白质未被有效降解和利用。氮肥还显著降低了燕麦秸秆产生的挥发性脂肪酸总量（$P=0.016$），且当施氮量超过 258 千克 / 公顷时，挥发性脂肪酸总量下降大于等于 7.6%，挥发性脂肪酸产量的降低，表明着饲草碳水化合物的代谢受到抑制。施氮虽然没有改变乙酸、丁酸、异丁酸、戊酸的摩尔比例，但导致丙酸的摩尔比例降低（$P=0.021$），异戊酸比例提高（$P=0.002$）。此外，施氮没有改变非生糖脂肪酸与成糖脂肪酸的比。

如表 6-26 所示，青稞秸秆发酵液的 pH 随施氮量的增加呈现线性增加

表6-25 施氮量对燕麦秸秆体外发酵特性的影响

项目	施氮量/(千克/公顷)						SEM	P值		
	0	156	258	363	465	570		施氮	线性	二次曲线性
pH	6.68	6.77	6.78	6.81	6.83	6.82	0.022	<0.001	<0.001	0.044
NH₄⁺-N/(毫摩尔/升)	36.0	36.7	38.2	37.8	36.6	39.3	1.48	NS	NS	NS
微生物蛋白-N/(毫摩尔/升)	2.35	2.05	2.58	2.46	2.26	2.07	0.065	NS	NS	NS
总挥发性脂肪酸/(毫摩尔/升)	145	141	140	135	135	133	1.5	0.016	NS	0.002
总挥发性脂肪酸组分/%										
乙酸	57.7	58.4	60.6	58.8	59.3	58.4	0.74	NS	NS	NS
丙酸	25.4	24.2	23.6	23.2	24.1	22.9	0.65	0.021	0.045	NS
丁酸	8.7	8.4	8.4	8.3	8.6	8.4	0.13	NS	NS	NS
异丁酸	3.02	3.06	3.10	3.26	3.16	3.19	0.096	NS	NS	NS
异戊酸	3.38	3.54	3.62	3.60	3.83	4.24	0.119	0.002	<0.001	0.095
戊酸	2.31	2.22	2.31	2.25	2.42	2.63	0.080	NS	0.013	0.043
非成糖脂肪酸与生糖脂肪酸的比	2.84	2.93	3.11	3.05	2.96	3.04	0.039	0.072	NS	NS

注：NS 表示无显著差异；VFA 表示挥发性脂肪酸；NGR 表示非成糖脂肪酸与生糖脂肪酸的比；NS 表示无显著差异。

表6-26　施氮量对青稞秸秆体外发酵特性的影响

项目	施氮量/（千克/公顷）						SEM.	P值		
	0	156	258	363	465	570		施氮	线性	二次曲线性
pH	6.66	6.72	6.75	6.77	6.80	6.81	0.012	<0.001	<0.001	<0.001
NH$_4^+$-N/（毫摩尔/升）	2.60	2.29	2.39	2.38	2.19	2.06	0.048	0.030	0.002	0.011
微生物蛋白-N/（毫摩尔/升）	36.20	38.31	36.23	37.59	36.13	39.33	0.466	NS	NS	NS
总挥发性脂肪酸/（毫摩尔/升）	142.5	141.6	138.6	137.7	137.9	137.3	0.63	0.041	0.001	0.004
总挥发性脂肪酸组分/%										
乙酸	60.3	60.0	58.8	60.0	59.5	57.8	0.88	NS	NS	NS
丙酸	23.3	24.1	24.7	23.4	23.2	23.8	0.61	0.011	NS	NS
丁酸	7.0	7.2	8.2	7.0	8.3	8.6	0.05	NS	NS	NS
戊酸	2.3	2.3	2.1	2.3	2.4	2.6	0.11	NS	NS	NS
支链脂肪酸	6.8	6.2	6.0	7.1	6.6	7.0	0.29	NS	NS	NS
非生糖脂肪酸与生糖脂肪酸的比	2.99	2.91	2.90	2.96	3.06	2.94	0.109	0.068	NS	NS

注：NS 表示无显著差异；VFA 表示挥发性脂肪酸；NGR 表示非成糖脂肪酸与生糖脂肪酸的比；BCVFA 表示是支链脂肪酸，为异戊酸与异丁酸之和；NS 表示无显著差异。

（$p<0.001$）。虽然施氮量增加了青稞秸秆中的粗蛋白质含量，但体外发酵液中的微生物蛋白 -N 含量和 NH_4^+-N 含量随着施氮量的增加无明显变化。施氮还显著降低了青稞秸秆产生的挥发性脂肪酸总量（$P=0.041$）。虽然施氮量没有改变乙酸、丁酸、戊酸和 BCVFA 的摩尔比例，但丙酸的摩尔比例显著提高（$P=0.011$），并进一步导致了支链脂肪酸比重的降低（$P=0.068$）。与此同时，施氮也没有改变非生糖脂肪酸与成糖脂肪酸的比率。

综合表 6-25 和表 6-26 可知，增长的饲草粗蛋白并未提高发酵液中微生物蛋白和 NH_4^+-N 含量，表明施氮对饲草粗蛋白的降解有不利影响；施氮降低瘤胃发酵液的最终 pH，并降低了挥发性脂肪酸总量和发酵产气总量，表明施氮对饲草碳水化合物的代谢产生了不利影响。通过研究施氮对饲草营养品质和发酵特性的影响，结果表明，施氮会提高饲草的营养积累，但对饲草消化性能会产生不利的影响。

随施氮量增加，燕麦和青稞秸秆中粗蛋白、中性洗涤纤维、酸性洗涤纤维、纤维素和木质素含量与之呈线性或二次曲线性增长，增幅分别为 42%～148%、2%～12%、2%～21%、7%～58% 和 0.7%～14%。当施氮水平高于 258 千克 / 公顷时，更有利于燕麦和青稞的养分累积。

施氮显著降低了燕麦和青稞的体外干物质消化率。随着施氮量的增加，体外干物质消化率呈线性降低，当施氮超过 363 千克 / 公顷时，燕麦和青稞分别降低 10% 和 18%。

两种饲草营养利用、发酵性能的降低与干物质消化率降低有关，干物质消化率的下降导致氮利用性的降低和碳水化合物代谢的下调，降低了燕麦和青稞的营养利用性。考虑到养分积累量和消化性能的平衡，燕麦和青稞推荐施氮范围为 258～363 千克 / 公顷。根据上述研究，我们得到以下结论。

① 根据西藏河谷地区气候条件，一年灌溉 7 次能有效保障紫花苜蓿高效生产，紫花苜蓿鲜草产草量能达到 5 000 千克 / 亩的水平。灌溉可以提高牧草的盖度和高度，生物量随灌溉量变化趋势与盖度株高变化趋势有较高的相似性。

② 砂性土壤水氮配比为灌溉次数 6 次，每次 0.1 吨 / 米^2，施尿素 20 千克 / 亩，分施 3 次可以达到最高产量。粘性土壤水氮配比为施尿素 15 千克 / 亩，重过磷酸钙 30 千克 / 亩可以达到最高产量。

③ 在不刈割条件下，紫花苜蓿生长高度在 85 厘米左右；在刈割 1 次（开花期）条件下，第 1 茬和第 2 茬平均高度为 70 厘米；在刈割 2 次（现蕾期）条件下，第 1 茬和第 2 茬平均高度为 55～60 厘米，第 3 茬由于气候条件因素的影响，不能达到现蕾期，生长高度为 30 厘米；在刈割 3 次（分枝期）条件下，第 1 茬 45 厘米，第 2 茬和第 3 茬处于夏季水热条件最好的季节，平均高度可达 60 厘米以上，第 4 茬不能达到分枝期盛期，生长高度为 15 厘米；在刈割 4 次（分枝前期）条件下，第 1 茬、第 2 茬、第 3 茬和第 4 茬平均高度为 35～55 厘米，第 5 茬不能达到分枝期，现蕾期，生长高度为 6 厘米。

④ 在西藏日喀则地区，覆膜能够促使青饲玉米各生育期提前，对植株相关器官的生长，如株高、基径、叶面积以及绿叶数等均具有促进作用，使得青饲玉米产量显著提高。

⑤ 紫花苜蓿、垂穗披碱草和鸭茅合理的播种深度应以 3～5 厘米为宜，青饲玉米的合适播种深度应该以 5～7 厘米为宜。

⑥ 紫花苜蓿的建议播种量以 3.5～4.5 千克／亩为宜，垂穗披碱草的得议播种量以 4～5 千克／亩为宜，鸭茅的建议播种量以 3～4 千克／亩为宜。

⑦ 紫花苜蓿、垂穗披碱草、箭筈豌豆、鸭茅和燕麦地上生物量随着施肥量的增加呈现增长的趋势，分别在在 N5、N4、N4、N3、N4 施肥水平下的地上部分生物量达到最高，即 2 991.9 克／米^2、1 293.45 克／米^2、1 581.7 克／米^2、2 560 克／米^2、1 684.4 克／米^2。相比不施肥 N0，在 N1、N2、N3、N4 和 N5 施肥水平下，牧草盖度和高度有明显提高，即施肥可以提高牧草的盖度和高度，生物量随氮素变化趋势与盖度株高变化趋势有较高的相似性。

⑧ 添加单质无机氮肥（尿素）的燕麦产量比施用有机氮肥（羊粪）的高 185%，这可能是由于无机氮肥能够迅速提高土壤中以铵态氮和硝态氮为主的无机氮水平，及时满足了作物的氮营养需要，虽然有机氮肥利于保持土壤肥力，但其养分释放速度相对缓慢，无法及时满足作物的氮营养需求。就施氮类型方面，在西藏农田施单质无机氮肥（尿素）比施用复合无机氮肥（磷酸氢二铵）和有机氮肥（羊粪）更能促进饲草的叶面积指数、叶绿素含量和产量提高，复合氮肥（磷酸氢二铵）的肥效高于有机氮肥（羊粪）。

⑨ 在西藏农田饲草种植中，若短期内以获取最大化饲草产量为目标，足

量的无机氮肥投入是首选的施氮策略。基于土壤有机质和总养分的维系的考虑，建议采用 25% 羊粪 +75% 无机氮肥配施。

⑩ 有机无机氮肥配施处理下的土壤微生物量氮的变化与作物生长时间有关，在作物生长前期和中期，有机无机氮肥配施对微生物量氮的固持作用高于单施无机氮肥和有机氮肥，在作物生长后期，施加有机氮肥对土壤微生物对氮的固持高于有机无机氮肥配施和单施无机氮肥。

⑪ 施氮显著提高了青稞叶部、茎部和籽粒中粗蛋白的含量，随着施氮量的增加，粗蛋白含量呈二次曲线性增长，施氮还显著提高了中性洗涤纤维、酸性洗涤纤维、纤维素和木质素的含量。

⑫ 施氮降低了青稞秸秆的消化率，IVDMD 随着施氮量的增加呈二次曲线性降低趋势，当施氮量高于 363 千克 / 公顷时，IVDMD 出现降幅明显。施氮还降低发酵产气总量 GP_{72}，在施氮量大于等于 363 千克 / 公顷时，GP_{72} 和 A 显著降低。

⑬ 施氮提高了燕麦和青稞的养分积累，但不利于这两种饲草的发酵降解。微生物挥发性脂肪酸产量和瘤胃 72 小时产气量随着施氮量的增加出现下降，当施氮量高于 363 千克 / 公顷时，挥发性脂肪酸和产气量分别降低。且施氮未对瘤胃液中的微生物蛋白质的合成带来有益影响，甚至还降低了青稞在瘤胃中 NH_4^+-N 的浓度，表明饲草粗蛋白未被有效代谢和利用。

6.4 豆科禾本科牧草混播技术研究

6.4.1 紫花苜蓿与苇状羊茅混播技术研究

豆禾混作可以提高作物产量和土地利用率，其增产机制包括边界效应和地下种间互作和便利效应。相比单作，玉米 / 豌豆、高粱 / 豌豆、小麦 / 鹰嘴豆等多数农田混作模式都有增产效应，在人工草地系统中也有相似的结论。Smith 和 Carter 研究发现，相比单作，玉米和紫花苜蓿条状混作能提高产量和经济收益，同样 Skelton 和 Barrett 也发现小麦混作紫花苜蓿后产量显著增加。

研究表明，混作显著提升作物吸收营养元素的优势，种间根系交互影响根系营养流动和转化，有效促进混作牧草吸收营养元素。禾草需氮和豆科供氮这一关系与其他因子的竞争关系不同，利用 ^{15}N 同位素标记技术证明了豆科与禾本科牧草间作系统中发生了豆科固氮直接向禾本科牧草的转移，混作体系中豆禾作物产量的增长归因于土壤可利用氮和大气固氮量的增加，一般说来，豆科固氮量为 50～400 千克 / 公顷，不同的豆科品种间的差异较大；禾本科则通过吸收硝酸盐和铵盐使土壤矿质氮维持在低水平，减小了对豆科固氮作用的抑制，促进豆科固氮。研究表明，禾草利用豆科植物固定的氮素途径有 2 条：一是通过根系接触转移或生物体死亡分解后释放到土壤中，再由相邻禾草吸收利用；另一条是通过地下连接不同植物根系的丛枝菌根菌，菌丝将固定的氮素由豆科植物直接传递给禾草。

在混作体系中不仅存在着有效的氮转移途径，还存在着磷转移途径。研究表明，豆禾混作促进种间无机磷养分的吸收，磷利用效应的提高很可能与来源于根系的活化酶（如磷酸酶和植酸酶）和羟化物有关，两者共同提高了根际磷的转移与吸收。混作还会显著提高微量元素的移动和吸收，例如，禾本科作物显著提高了混作豆科作物对铁的吸收。因为禾本科作物在缺铁环境下释放的植物铁载体提高了根际可利用铁的水平。另有研究表明，混作还会影响其他矿质元素钙和镁的利用。

混作除能提高土壤养分外，还能使作物地下与地上部分在空间上的配置更合理，促使种间协调发展，充分获得光、温、水、气以及有效利用土壤中水、肥等营养，增加群体叶面积指数，提高光能利用率，延长混作群体的光合作用时间，最终使混作群体获得高产，同时还能改良土壤、减轻杂草、病虫危害等作用。

豆科和禾本科牧草种子的混作比例直接影响种群的生长、产量和品质。混作牧草比单播牧草含有较合理的营养混合组分，豆科牧草含有丰富的粗蛋白质、钙和磷等，而禾本科富含无氮浸出物，适口性好，两者混作后粗蛋白质含量和可消化有机物质的含量增高，能较好的满足放牧牲畜的营养需求。

施氮和刈割是混作草地中 2 种重要的管理措施。施氮通过改变人工草地土壤中的以铵态氮和硝态氮为主的可利用氮水平影响植物地下及地上部分的生长。适当的施氮水平能促进牧草分蘖、分枝、增加光合强度，使单位面积产量显著增加，不适当的施氮水平会影响豆科牧草的生物固氮和草地产草量。刈割通过利用植物的补偿性或者均衡性生长特性，促进牧草生长并影响牧草产量，改变牧草营养物质的沉积和分配方向，进而影响牧草品质。人工草地刈割处理对植被叶片和植株的再生动态、植被特征、草地生产力及不同器官中可溶性碳水化合物和氮素含量变化有显著影响，适当刈割可以加快牧草的组织转化速率，提高牧草的营养价值。刈割频率是影响草地生态系统利用和持久性的关键因素，不同的刈割频率会影响草地生态系统产草量和种间竞争力。

如图 6-30 所示，紫花苜蓿和苇状羊茅的出苗率随着播种深度的增加呈现单峰趋势，在 3 厘米深度，紫花苜蓿和苇状羊茅的出苗率达到最高，分别为86.7% 和 69.0%，以 3 厘米播种深度为分界线，出苗率呈现先增加后降低的趋势。由于播种深度取决于田间环境，应根据实际情况具体实施，轻质土壤覆土可略厚，粘重土壤则宜薄些。紫花苜蓿和垂穗披碱草合理的播种深度应以3～5 厘米为宜。

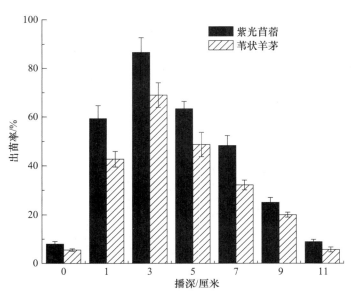

图 6-30　不同播种深度下的牧草出苗率

通过对播种后第二年生长状况的测定（图6-31），当苇状羊茅混作比例在10%～60%时，相比紫花苜蓿单播鲜草产量38.3吨／公顷，混作鲜草量增加，增幅为1.5%～12.7%；当苇状羊茅的混作比例为30%时，混作鲜草量最高，可达43.5吨／公顷；当苇状羊茅产量增加到70%及以上时，混作鲜草量均低于紫花苜蓿单播产量。除80%混作比例，所有混作比例均高于苇状羊茅单播鲜草产量（36.5吨／公顷），增幅为1.1%～19.4%。从该研究结果可以得出最佳混作量是紫花苜蓿：苇状羊茅为7：3，鲜草产量可达43.5吨／公顷。

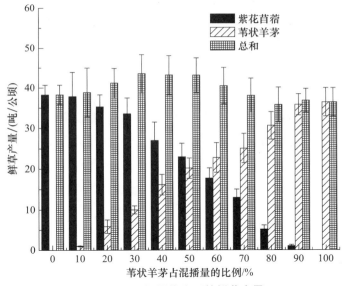

图6-31 不同混作比下的鲜草产量

如图6-32所示，施肥后，紫花苜蓿与苇状羊茅鲜草产量明显提高。紫花苜蓿和苇状羊茅草产量对氮肥的增长趋势不同，紫花苜蓿草产量随着施氮量的增加呈现先升后降单峰增长趋势，而苇状羊茅草产量随着施氮量的增加呈不断增加趋势。总产草量的趋势与紫花苜蓿相似，当达到0.22吨／公顷时，两者的总产量（鲜草）最高，达到55.7吨／公顷，当尿素量高于0.22吨／公顷时，总产草量呈下降趋势。

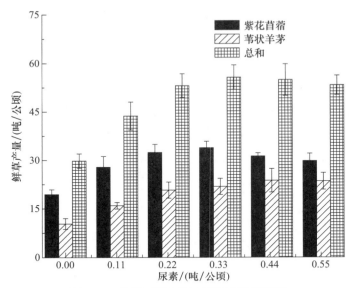

图 6-32　施肥对混作草地鲜草产量的影响

　　结果显示（图 6-33），刈割能促进牧草鲜草量的提高，刈割 2 次、3 次、4 次、5 次刈割都具有明显的增长效应，混合鲜草产量分别为 40.0 吨 / 公顷、

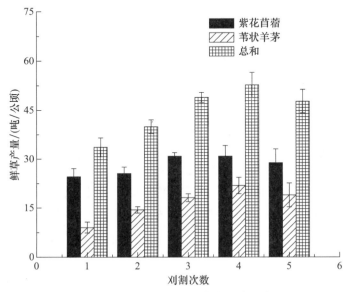

图 6-33　刈割次数对鲜草产量的影响

49.0 吨 / 公顷、52.7 吨 / 公顷和 47.7 吨 / 公顷，比刈割 1 次的鲜草量增加约 18.9%、45.7%，56.7% 和 41.9%。从该研究可以看出，刈割 4 次能获得最高鲜草量，刈割超过 4 次，鲜草产量下降。

1. 禾本科与豆科牧草的混作效应

　　混作草地氮产量显著高于单播草地，草地粗蛋白含量的增加显著改善草地质量。通过 ^{15}N 同位素标记技术测定豆禾牧草之间的氮转移量，得出豆科牧草向禾本科牧草转移氮素 2～12 千克 / 公顷，约占禾本科氮产量的 5%～24%，证实豆科牧草和禾本科牧草存在有益关系。紫花苜蓿单播鲜草产量为 38.03 吨 / 公顷，苇状羊茅混作比例为 10%～60% 时，总草产量均高于紫花苜蓿单播，增幅为 1.5%～12.7%；除混作比例为 80% 外，所有混作处理均高于苇状羊茅单播鲜草产量，增幅为 1.1%～19.4%，这也证实了紫花苜蓿和苇状羊茅混作草地改善了草地群落的资源利用结构和生产性，提高了经济效益。但是不同混作比例下的种间协同效益差异明显，通过对混作播种量的比例试验，可以明显地看出在拉萨地区紫花苜蓿与苇状羊茅混作时所用播种量可以常规播种量的 80% 作为基础，其合理的播种比例为以 7∶3 的比例播种，可使牧草相对紫花苜蓿单播增长 13.6%，相对苇状羊茅单播增长 19.4%。

2. 施肥对豆禾混作草地的影响

　　前人研究发现，施肥增加土壤中的有效资源，降低了物种对限制资源的竞争强度，从而促使群落生物量增加；施肥还能极显著提高牧草种粗蛋白、粗脂肪和粗灰分含量，降低中性洗涤纤维含量降低。豆科牧草利用根瘤菌作用把分子氮转化为氨来满足生长发育的需要，需要少施入氮肥以免抑制根瘤菌固氮酶活性；禾本科牧草完全依靠根系从土壤中吸收养分以维持生长发育所需要的氮素，故高产中常需要大量施入氮肥。混作草地既包括少需氮的豆科牧草，也包括高需氮的禾本科牧草，施肥量的矛盾性决定混作草地的资源利用结构和生产性能的复杂性。固氮转移量在不同氮含量水平土壤中不同，高剂量合成氮肥的添加会降低三叶草的生物固氮能力，并减少三叶草在草地中的比例。Martin 等（1991）在低氮土壤上用 ^{15}N 同位素稀释法研究固氮产物

转移时，发现豆科作物向禾本科作物的固氮转移，在高氮土壤上却未发现这种现象。施肥对紫花苜蓿与苇状羊茅鲜草产量有促进作用，随着施氮量的增加，鲜草总量增加，当尿素达到 0.33 吨 / 公顷时鲜草总量达到最高，为 55.2 吨 / 公顷，随着施肥量的增加，产量略有下降。随着施肥量的增加，紫花苜蓿呈现先上升后下降的趋势，而黑麦草表现持续增长的趋势。这表明，施肥量增加的过程，是紫花苜蓿根瘤生物固氮起伏的过程，也是 2 种牧草本身对氮营养需求渐变的过程。在 0.22 吨 / 公顷、0.33 吨 / 公顷、0.44 吨 / 公顷和 0.55 吨 / 公顷施肥处理之间，产量差异不显著。经济施肥量可采用 0.22 吨 / 公顷，以最大化产草量为目标，可采用 0.33 吨 / 公顷。

3. 刈割对豆禾混作草地的影响

植物损失后，可以通过改变形态或生理特征、调节自身的生物量及能量分配等途径减轻损伤所带来的影响，从而实现补偿性再生。刈割使根冠比增大，资源过剩驱动植物生产更多的物质，输出到植物冠部以再生叶片；植物冠层微气候得到改善，单位资源（光、热、水等条件）支持的地上部分生活物质减少，相对提高了资源承载力。一定水平的刈割有利于牧草的生长，过度刈割抑制植物生长，随着刈割频率的增加，紫花苜蓿和苇状羊茅混作草地总产量相应增加，在 4 次刈割频率时草产量达到最高，在 5 次刈割频率时草产量下降。因此，刈割 4 可使紫花苜蓿和苇状羊茅草地的草产量最大化。

6.4.2 紫花苜蓿和垂穗披碱草混播技术研究

混播草地不仅能使牧草充分获取光照、水分、CO_2、肥料、矿物质等地上和地下资源，而且各牧草能根据各自的生长期获得不同时间生态位上的资源，以及牧草之间存在的种间促进作用、抑制杂草、控制害虫等，使混播牧草获得高产。在混播种植中，豆科和禾本科牧草的混播是最引人关注的，因为与豆科植物共生的固氮根瘤菌能够进行生物固氮，为豆科牧草提供充足的氮素营养，再通过多种途径将氮素转移到邻近的禾本科植物体内，使混播草地可以在减少人工氮肥的使用时增产。禾本科牧草具有需氮肥多的特性，能在生长前期吸收较多的人工氮肥，减轻无机氮对根瘤菌固氮的抑制作用，促使人工草地产量增加，混播人工草地能比单播的在生物量上要提高 20%～200%。

豆科和禾本科牧草混播播种比例直接影响种群的生长、产量和品质，混播牧草比单播牧草含有较合理的营养混合组分。试验中种植的紫花苜蓿是一种产量高、抗性强、品质佳、适口性好的家畜饲用豆科牧草，其含氮量高达 2.7%～3.3%，同时含有丰富钙、磷等养分，而垂穗披碱草富含无氮浸出物、适口性好，两者混播后能提高粗蛋白质含量和可消化有机物质的含，能较好的满足饲养牲畜的营养需求。

紫花苜蓿凭借与其共生的根瘤菌中生物固氮作用，将空气中的分子态氮转变呈可共植物吸收利用的离子态氨，但其固氮量未必能完全满足紫花苜蓿苜蓿生长发育对氮的需求，还必须施用氮肥促进紫花苜蓿幼苗的生长。研究发现，氮肥浓度过高对根瘤菌侵染豆科植物根部、根瘤发育、固氮等都有抑制影响。适量施氮不仅可以促进苜蓿根的主根生长，增加分枝，促进根系发育，还能明显促进紫花苜蓿结瘤固氮、增加紫花苜蓿的生物量及提高营养品质。

如图 6-34 至图 6-36 所示，紫花苜蓿＋垂穗披碱草混播人工草地其鲜草产量均明显高于单播产量。在中，加强了对牧草种子质量的监控，以便播种时具有更加合理准确的播种量；通过对混播播种量的比例、施肥数量等试验，可以明显地看出在拉萨地区紫花苜蓿与垂穗披碱草混播时所用播种量可以常规播种量的 80% 作为基础，其合理的播种比例为 3∶2，这个比例可使牧草相对紫花苜蓿单播增长 35.2%，相对垂穗披碱草单播增长 54.8%；

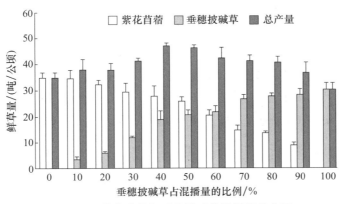

图 6-34　紫花苜蓿与垂穗披碱草混播鲜草产量

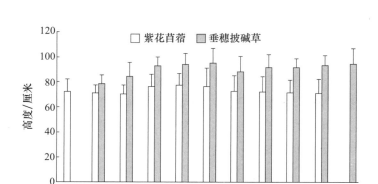

图 6-35 紫花苜蓿与垂穗披碱草混播条件下植株高度

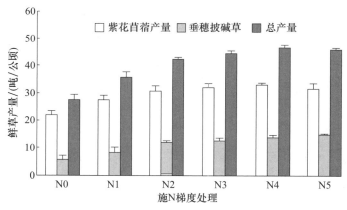

图 6-36 紫花苜蓿与垂穗披碱草混播施肥试验研究

由于西藏土壤主要缺乏 N 肥，所有施肥基础施用磷酸二铵 10 千克 / 亩作为基肥；在施肥试验中施肥用量根据试验要求进行，分 2 次追肥。施肥研究表明，在每亩追肥（尿素）达到 30 千克 / 亩时，混播鲜草产量提高显著，比不追肥的相比鲜草产量提高超过 69.0%。其中，N0=0.0 吨 / 公顷，N1=51.8 吨 / 公顷，N2=103.5 吨 / 公顷，N3= 155.3 吨 / 公顷，N4=207.0 吨 / 公顷，N5=258.8 吨 / 公顷

6.4.3 箭筈豌豆和燕麦混播技术研究

混作是将 2 种或 2 种以上生育季节相近的作物按一定比例混合种在同一

块田地上的种植方式。研究表明，相比单作，混作具有增加产量稳定性、提高饲草品质和土地利用率的特点。豆禾混作能使牧草地下与地上部分在空间上的配置更合理，促使种间协调发展，增加群体叶面积指数，提高光能利用率，延长混作群体的光合作用时间，最终使混作群体获得高产；依据混作原理建立的农业系统也表现出减轻杂草和病虫危害的优点。

研究表明，豆禾混作显著提升作物吸收营养元素的优势，种间根系交互影响根系营养流动和转化，有效促进混作牧草吸收营养元素。禾草需氮和豆科供氮这一关系与其他因子的竞争关系不同，利用 ^{15}N 同位素标记技术证明了豆科与禾本科牧草间作系统中发生了豆科固氮向禾本科牧草的转移，且促进了豆科根瘤菌制造了更多的可用氮。豆禾混作产量的提高不仅仅是因为存在有效的氮转移途径，还存在着磷转移途径。玉米和花生混作后，导致产量显著提高的主要原因是土壤中磷的可利用性显著提高，相似的结论也出现在白羽扇豆和小麦混作体系中。豆禾混作促进种间无机磷养分的吸收，磷利用效应的提高很可能与来源于根系的活化酶（如磷酸酶和植酸酶）和有机质酸有关，提高了根际磷的含量与吸收。混作还会显著提高微量元素在根际的移动和吸收，如和玉米混作时，花生通过提高根部铁还原酶活性和释放质子加剧土壤酸化 2 种方式促进铁离子的释放。禾本科作物还会显著提高豆科作物对铁的吸收，因为禾本科作物在缺铁环境下释放的植物铁载体提高了根际可利用铁的水平。另有研究表明，随着豆禾混作体系中可利用磷水平的提高，其他矿质元素钙和镁的利用也相应提高。

混作不仅会促进产量提高，还会提高饲草粗蛋白含量，增加饲草营养。燕麦等禾谷类作物因为产量高且适口性好等优点被广泛用于调制干草或者制作青贮。补饲的主要饲草作物燕麦乳熟期和蜡熟期刈割可获得很高的干物质产量，形成的籽实也抵消了蛋白质含量下降的影响，但是作为饲草，燕麦的营养价值仍然较低。用箭筈豌豆与燕麦混作种植，不仅提高了饲草品质，并且维持了高产草量。在豆禾混作草地中，随着箭筈豌豆混作比例的提高，牧草混合粗蛋白、粗脂肪、可消化有机物质、钙和磷等含量增加，中性洗涤纤维和酸性洗涤纤维等含量下降，同时混合总产量也有下降趋势。因此，营养品质和产量之间的矛盾性决定了豆禾植株比例的多寡在混作草地生产和资源利用的重要性，即

豆科、禾本科牧草的播种比例将直接影响种群的生长、产量和品质。

施氮和灌溉是混作草地中2种重要的管理措施。施氮通过改变人工草地土壤中的有效资源影响植物地下及地上部分的生长，促进牧草分蘖、分枝、增加光合强度，使单位面积产量显著增加。灌溉可持续增加豆科和禾本科牧草的产量并提高其营养价值，灌溉量、灌溉次数和时间要因植物需水特性、生育阶段、气候、土壤条件的不同而有差异。

通过对产量测定（图6-37），可见燕麦单播产量明显高于箭筈豌豆单播的产量；因此，在同等面积条件下，就产量而言，仅种植箭筈豌豆是不经济的。与单播箭筈豌豆鲜草产量14.55吨/公顷相比，混作（燕麦∶箭筈豌豆为1∶9）产量最少增加34.7%，最多增加148.4%（燕麦∶箭筈豌豆＝7∶3）。将箭筈豌豆与燕麦混作种植，相比单播燕麦，虽然产量最大增幅仅为11%，但考虑到由于箭筈豌豆的加入，牧草的粗蛋白含量显著增加，将有助于增加饲草营养价值。

施肥试验以燕麦和箭筈豌豆混作比例为7∶3开展研究。从结果可以看出，施肥后，燕麦与箭筈豌豆混作产量明显提高（图6-38），当施肥量达到0.55

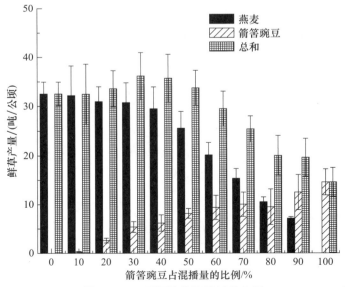

图6-37　不同混作比下的鲜草产量

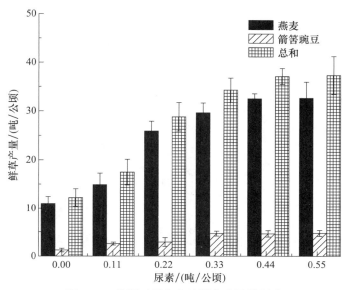

图 6-38　施肥对混作草地鲜草产量的影响

吨 / 公顷时，鲜草产量最高，为 37.35 吨 / 公顷，比未施氮的增产 205.7%。在施肥量达到 0.44 吨 / 公顷之后，随着施肥量增加，总鲜草产量不再有明显差异。因此，经济合适的施肥量为 0.44 吨 / 公顷，相当于施尿素 29.33 千克 / 亩。

　　种前水和播种水最主要的作用在于促进种子萌发和提供幼苗生长保障。对牧草产量影响大的是出苗后灌溉，随着灌溉次数的增加，牧草产量也在相应急增，如图 6-39 所示，其增长幅度为 154%～1 311%，直至 9 次灌溉后，仍然表现出产量上升的趋势，但无显著差异，因此合理的灌溉次数为 7～8 次。

1. 燕麦与箭筈豌豆之间的混作效应

　　提高牧草产量的实质也就是提高牧草的光能利用率。燕麦和箭筈豌豆混作的种植方式，可充分截获生境中光、温、水、气以及肥等资源与营养，有效地延长群体的光合作用时间，增大总光合面积，提高光能利用率，以达到高产的目的。前人研究发现，箭筈豌豆与禾本科牧草混作，促进了箭筈豌豆茎斜升或攀援，导致了植株高度的增长，受光面积的增加和地上生物量的提高。在通过对产量测定，可见燕麦单播产量明显高于箭筈豌豆单播的产量，因此

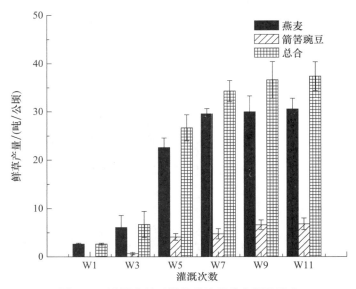

图 6-39 灌溉次数对混作草地鲜草产量的影响

在同等面积条件下，仅产量而言，种植箭筈豌豆是不经济的。混作促进了总产草量的增加，与单播箭筈豌豆鲜草产量（14.55 吨／公顷）相比，增幅最低可达 34.7%（燕麦和箭筈豌豆为 1∶9 时），增幅最高可达 148.4%（燕麦和箭筈豌豆为 7∶3 时）。将箭筈豌豆与燕麦混作种植，不仅可以提高总产量，最合适的播种比例（燕麦和箭筈豌豆为 7∶3）可比单播燕麦增产 11%，而且由于箭筈豌豆的加入，牧草的粗蛋白含量可增加 40%～80%，有助于增加饲草营养价值。

2. 水氮对豆禾混作草地的影响

水氮是保证混作草地高产优质的重要措施，施用不同施肥量和灌溉等综合措施，为建立本地高产优质的箭筈豌豆和燕麦混作人工草地提供重要依据，为西藏农牧业生产和管理提供重要的指导。研究发现，施用少量氮肥不仅缓解根瘤菌与寄主植物争肥的矛盾，还可使植株生长健壮、根系发达，为根瘤菌侵染后的增殖创造较好地条件。但环境中较高浓度的化合态氮对共生固氮有明显的抑制作用。混作草地既包括少需氮的豆科牧草，也包括高需氮的禾本科牧草，施氮量的矛盾性决定混作草地的资源利用结构和生产性能的复杂性。施肥对燕麦和箭筈豌豆鲜草产量有促进作用，随着施氮量的增加，鲜草总量增加，当施肥量达到 0.55 吨 / 公顷时鲜草总量接近于峰值，达到 37.4 吨 / 公顷，比未施肥处理增产 205.6%。0.44 吨 / 公顷和 0.55 吨 / 公顷施肥处理之间，虽然产量也略有升高，但不成显著差异。经济合适的施肥量为 0.44 吨 / 公顷，相当于生产中需追施尿素 29.33 千克 / 亩。这间接表明，施肥量增加的过程，是箭筈豌豆根瘤菌群落和固氮酶活力起伏的过程，也是两种牧草本身由需求氮营养阶段过渡为营养过剩阶段的过程。

水是植物生存的必要条件，在有足够灌溉条件的情况下，增加灌溉次数或保证土壤墒情是牧草高效生产不可或缺的部分。当灌溉 9 次时，牧草产量由灌溉 1 次的 2.6 吨 / 公顷增加到 37.32 吨 / 公顷，增幅达到 1 311%。但根瘤固氮对水分要求相当严格，既怕干、又怕过多的水分对于根瘤固氮产生抑制作用，以往的研究表明根瘤表面薄薄的一层水膜便可使固氮作用减低至零，因此在下面的工作中应该综合考虑适宜灌水量与高根瘤活力和高产量并得的问题。

综上所述，经过拉萨地区紫花苜蓿和苇状羊茅生物量试验研究的开展，适宜的播种深度为 3～5 厘米，合理的播种比例以豆和禾等于 7∶3 为宜，这个比例可使混作总产量相对紫花苜蓿单播增长 13.6%，相对苇状羊茅单播增产 19.4%。施肥研究表明，在每亩施尿素达到 0.33 吨 / 公顷时，可获得合理高产，比不追肥的相比鲜草产量提高超过 72.9%。刈割试验中，混作草地开展 4 次刈割，可获得合理高产，比刈割 1 次的处理增加 56.7%。

在拉萨地区开展燕麦与箭筈豌豆混作生物量研究可知，燕麦与箭筈豌豆合适的混作比为 7∶3，可比单播燕麦增产 11%，比单播箭筈豌豆增产 148%；施肥研究表明，每亩追肥（尿素）达到约 30 千克 / 亩，获得合理高产，比不追氮的鲜草产量提高 204%；灌溉频率试验中，随着灌溉次数的增加，牧草产量也在相应急增，其增长幅度为 154%～1 311%，直至 9 次灌溉后，仍然表现出产量上升的趋势，但无显著差异，因此，合理的灌溉次数为 7～8 次。

6.5 人工草地杂草调控技术研究

通过对西藏河谷地区紫花苜蓿、燕麦—箭筈豌豆、苇状羊茅—白三叶、

苇状羊茅—紫花苜蓿等 4 个人工草地及周边的大量样方调查分析，西藏河谷区人工草地杂草主要有 38 种（表 6-27）。白草、菊叶香藜、黄芪、画眉草、大籽蒿、藜是西藏河谷地区的主要杂草。

表 6-27　西藏日喀则地区人工草地杂草植物名录

植物种	学名	重要值
白草	*Pennisetum flaccidum*	0.197 6
菊叶香藜	*Chenopodium foetidum*	0.069 5
劲直黄芪	*Astragalusstrictus*	0.040 6
画眉草	*Eragrostis pilosa*	0.024 6
大籽蒿	*Artemisia sievrsiana*	0.024 6
藜	*Chenopodium album*	0.016 2
少毛毛萼獐牙菜	*Swertia hispidicalyx*	0.014 4
狗尾草	*Setaria viridis*	0.013 1
灰苞蒿	*Artemisia roxburghiana*	0.012 2
迷果芹	*Spgllerocarpus gracilis*	0.012 1
独行菜	*Lepidium apetalum*	0.011 4
苦荞麦	*Fagopyrum tataricum*	0.008 9
亚东蒿	*Artemisia yadongensis*	0.008 9
牻牛儿苗	*Erodium stephanianum*	0.007 8
青稞	*Hordeum vulgare var nudum*	0.006 9
油菜	*Brassica campestris*	0.004 2
马唐	*Digitaria sanguinalis*	0.004 2
西藏藜	*Chenopodium tibeticum*	0.003 9
小麦	*Triticum aestivum*	0.003 9
黄香草木樨	*Melilotus officinalis*	0.003 0
芝麻菜	*Eruca sativa*	0.002 8
天蓝苜蓿	*Medicago lupulina*	0.002 4
鹅绒委陵菜	*Potentillae Chinensis*	0.002 4
中华野葵	*Malva verticillata var. chinensis*	0.002 3
苦苣菜	*Sonchus oleraceus*	0.002 1

续表 6-27

植物种	学名	重要值
播娘蒿	*Descurainia Sophia*	0.001 9
密花香薷	*Elsholtzia densa*	0.001 8
角苞蒲公英	*Taraxacum stenoceras*	0.001 7
飞蓬	*Erigeron acer*	0.001 5
扁蓄	*Polygoni Avicularis*	0.001 5
蒺藜	*Tribulus Terrestris*	0.001 3
浑裂风毛菊	*Saussurea paucijuga*	0.001 2
垂穗披碱草	*Elymus nutans*	0.000 9
蓟菜	*Cirsium setosum*	0.000 6
油芥菜	*Brassica juncea var. gracilis*	0.000 6
刺沙蓬	*Salsola ruthenica*	0.000 5
猪毛菜	*Salsola collina*	0.000 5
猪殃殃	*Galium aparine*	0.000 5

6.5.1　人工除杂措施

人工除杂措施是人工草地杂草防治的重要措施之一。根据试验结果，分析表明针对上述杂草的人工除杂措施对人工草地杂草清除效果并不显著，有75% 以上的杂草物种保留在除草样地中，不能有效清除，同时还有 5%～10%的新增杂草种的出现，只有 20%～25% 的物种被清除（表 6-28）。

表 6-28　人工草地的不同管理措施对杂草物种的影响

人工草地类型	无除杂措施 / 种	有除杂措施 / 种	
		物种消失	新增物种
紫花苜蓿	9	2	1
燕麦—箭筈豌豆	11	4	1
苇状羊茅—白三叶	13	4	1
苇状羊茅—紫花苜蓿	12	3	1
平均	11.25	3.25	1

人工除杂措施会降低保留在人工草地杂草种的优势度，白草在紫花苜蓿和燕麦—箭筈豌豆草地中的优势度下降不到 5%；在苇状羊茅—白三叶草地中下降 36%；在苇状羊茅—紫花苜蓿草地中下降 52%。而菊叶香藜、黄芪、大籽蒿其他共有杂草优势度在不同草地中有 30%～50% 的下降（表 6-29）。

表 6-29　人工草地的不同管理措施与主要杂草的优势度变化

植物名称		无除杂措施优势度变化率/%	有除杂措施优势度变率/%
紫花苜蓿草	白草	94.05	−4.29
	菊叶香藜	29.44	−39.69
	黄芪	9.68	−32.97
	其它杂草平均	3.51	51.82
燕麦—箭筈豌豆	白草	16.8	−0.9
	菊叶香藜	3.4	−36.3
	紫花苜蓿	2.4	53.9
	藜	4.8	−51.0
	其它杂草平均	1.96	78.4
苇状羊茅—白三叶	白草	50.37	−31.04
	紫花苜蓿	6.58	−15.19
	黄芪	7.02	−40.67
	大籽蒿	17.96	−45.36
	伞形科	11.08	−57.12
	其它杂草平均	11.91	−94.72
苇状羊茅—紫花苜蓿	白草	63.08	−52.15
	大籽蒿	20.14	−52.73
	狗尾草	12.49	−24.88
	独行菜	5.16	−3.89
	其它杂草平均	12.70	−95.17

6.5.2　刈割对杂草的控制

通过对紫花苜蓿刈割试验分析结果表明，刈割对紫花苜蓿人工草地杂草有一定抑制作用。

刈割次数虽然没有降低紫花苜蓿草地杂草的产草总量，杂草产量在 450 千克 / 亩左右（图 6-40），但随着刈割次数的增加，杂草产量比重却从 10% 下降到 5%。刈割不但降低了杂草在群落中的比重（图 6-41），而且提高了草产品质量。

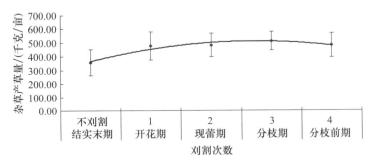

图 6-40　紫花苜蓿不同刈割次数与杂草产量的关系

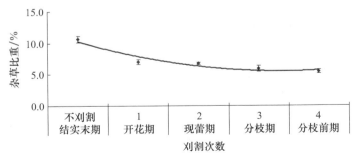

图 6-41　紫花苜蓿不同刈割次数杂草产草量比重变化趋势

从紫花苜蓿人工草地杂草优势度分析表明，随着刈割次数的增加，杂草在草地中的优势度（图 6-42）在逐步下降，使紫花苜蓿人工草地更趋于稳定。建立了刈割对杂草控制模型 $y=0.012\,3x^2-0.077\,8x+0.218\,5$（$R^2=0.944\,3$），根据模型实现紫花苜蓿草地杂草控制的刈割决策。

刈割会影响人工草地杂草比重。分枝期刈割会降低黑麦草单播草地的杂草比重，现蕾期刈割增加紫花苜蓿单播草地和黑麦草—紫花苜蓿混播草地杂草的比重；分枝期刈割会显著降低黑麦草单播草地的物种丰富度，增加紫花

苜蓿单播草地的丰富度，现蕾期刈割会显著增加黑麦草—紫花苜蓿混播草地的物种丰富度。

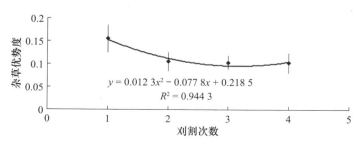

图 6-42　刈割次数与杂草优势度的关系

6.5.3　灌溉、施肥对杂草的控制

黑麦草单播草地和紫花苜蓿单播草地中杂草的比重随灌溉用量的增加而降低，黑麦草—紫花苜蓿混播草地中杂草比重随灌溉用量的增加呈增加趋势；灌溉会增加黑麦草单播草地和黑麦草—紫花苜蓿混播草地的多样性，降低紫花苜蓿单播草地的多样性，但黑麦草—紫花苜蓿混播草地和紫花苜蓿单播草地的多样性变化并不明显。

施用氮肥可以降低人工草地杂草的比重，其中黑麦草单播草地中杂草优势度下降最为明显。增加氮肥施用量会降低人工草地物种丰富度；但是黑麦草—紫花苜蓿混播草地的物种多样性变化不明显，且均匀度指数较高。

通过灌溉、施氮、刈割三个实验分析，可以发现马唐、画眉草、白草、属于西藏河谷地区常见杂草，而牛膝菊基本属于紫花苜蓿的伴生种。马唐对水、氮的敏感度较高，随灌溉量和施氮量的增加而显著降低，这说明马唐可以作为土壤含水量和土壤含氮量的一个指标；画眉草和牛膝菊对土壤水分也较敏感，随土壤含水量的增加而增加，白草、飞蓬和密花香薷对水分也有一定要求，但对土壤含氮量没要求。

6.5.4　覆膜对杂草的控制

在覆膜对青饲玉米生长及群落的影响研究中发现，青饲玉米田中共有 13

种杂草，分属于十三属八科，均为一年生杂草。其中禾本科杂草共 6 种，占全部杂草的 46.2%，覆膜对平车前、画眉草和中华野葵的抑制率可达 100%，对其他一些杂草也具有明显的防除作用，但对一些生态幅度广、抗逆性强的物种反而有促进萌发和生长的作用，如稗和狗尾草则以其广生态幅特点而成为该研究区的优势种。

综述所述，杂草在人工除杂措施下，杂草的清除效果并不是那么显著，有大部分杂草的不同物种直接保留在人工去除草的样地里。因此，不能有效的清除杂草，同时还会有少部分的新增杂草种出现，有幸的是通过人工除杂方式能降低除杂有仍然留存在除草样地里的杂草种的优势度。

此外，刈割次数的变化仍然没有降低生长在紫花苜蓿草地里的杂草的产草总量。但人为的增加刈割的次数，会逐步降低草在杂草地中的优势度，使紫花苜蓿人工草地向稳定方向发展，而且刈割会使人工草地杂草比重受到影响。最后，随灌溉用量的增加，黑麦草单播草地和紫花苜蓿单播草地中杂草的比重会降低，人工草地杂草的比重会在施用氮肥的情况下降低，其中黑麦草单播草地中杂草优势度下降最为明显。覆膜可以完全抑制平车前、画眉草和中华野葵杂草的生长，并且对其他一些杂草的防除作用也很明显。

第 7 章

西藏牧草产业展望

　　牧草种植是西藏农牧民增收的新增长点。在当前市场经济条件下，农产品供大于求，价格低，农民收入增长缓慢，农业产业结构调整是农民增收的主要途径，而牧草种植正是种植业结构调整的结果，使种植业由二元结构向三元结构转变，它不仅围绕市场、经济结构、人民生活需要进行调整，而且是在大农业内部的种植业围绕畜牧业进行结构调整的产物，是种植业结构在新的领域和层次的探索和尝试，是增加农民收入的新增长点。发展牧草要与畜牧业及加工业发展相结合，充分利用畜牧业发展优势，才有发展潜力，才能取得较大的经济效益。西藏地区畜牧业发达，发展牧草种植具有得天独厚的优势和潜力，具有广阔的前景。在西藏未来的牧草产业开发当中，应当着重于以下几个方面的发展。

　　① 目前西藏地区主要饲草品种来源大多靠进口或引种，应当加大投入开展西藏本地野生牧草资源的调查，进行试验研究，对具有高产丰产等优点的品种进行驯化，形成优良的品系进行推广；对外来引进的品种进行本地化适应、高产和繁育研究，进行品种选育，得到优良品系予以推广种植。

　　② 深入研究西藏地区牧草的混播技术，目前进行初步研究得出结论支持混播是能够提高牧草产量的手段之一，但还需要加强混播时不同品种牧草地下根系的相互关系、微生物及化合物之间的相互关系和牧草地上部光合作用间的相互关系等。充分掌握混播技术的原理和作用机制，有利于在现有资源的前提下提高土地生产力。

　　③ 注重多年生牧草种植，如加大饲用玉米的种植规模等。西藏大部分地区土壤贫瘠、土层较薄，冬季又多风，这种情况在藏西北牧区尤为严重。在

这些地区进行牧草产业化生产时如果耕作措施不当，极容易造成表层可耕土壤的大量流失，造成草地的荒漠化或沙漠化。因此，在牧草产业发展的过程中一定要因地制宜，优先考虑采用免耕等技术播种多年生牧草，这不仅可以减少土壤的耕作力度，还能避免草地土层冬季大面积裸露，从而最大限度避免土壤的流失。紫花苜蓿作为种植较广的多年生牧草品种，应当开展研究解决其重茬问题，研究对根瘤菌的利用问题，解决困扰多年生牧草的退化问题。

④ 科学施肥。化肥费用是人工草地建设中物质服务费用的第一大项目，同时也是农户显性成本中的第一大项目。目前箭筈豌豆、紫花苜蓿、青饲玉米的化肥施用量分别为 418.76 千克 / 公顷、567.86 千克 / 公顷、588.75 千克 / 公顷，已远远超出发达国家化肥安全施用标准。大量的试验证明，推广科学施肥和合理施肥技术，通过取样化验土壤的有机质氮、磷、钾等几项指标，对各种农作物进行专用肥配方，有针对性地使用，并结合其他技术，一般可使化肥有效利用率提高 12 个百分点，可使箭筈豌豆、紫花苜蓿、青饲玉米每公顷化肥费用分别减少 81.08 元、103.08 元、108.90 元，每公顷显性成本分别减少 11.2%、13.7%、13.0%。由此可见，科学施肥，提高化肥利用率是降低人工草地建设生产成本的重要途径。

⑤ 充分挖掘农区及半农半牧区牧草生产潜力，充分利用时空拓展技术扩大牧草种植面积。西藏的农区和半农半牧区主要集中在"一江两河"地区（雅鲁藏布江、拉萨河、年楚河中游河谷地区）。该地区温度条件适中，灌溉便利，河谷地带宽阔平坦，土层深厚，比较适合牧草的生产。该区域长期以来追求单一的粮食生产，耗地性强的麦类作物比重过大，限制了养地作物豆类和粮饲兼用的薯类作物发展，使粮食作物、经济作物、绿肥作物种植比例不协调，导致土壤养分失调，地力下降，中低产田的比例逐年增加。因此，必须改变该区域目前的生产模式，在中低产田生产中引入饲草种植体系，这不仅可以解决西藏畜牧生产的不足、还可以调控长期由于农耕造成的农区土壤环境退化、土壤生产能力降低等，从而有效提高该区农田生产和生态效益。

目前，西藏粮食库存总量在 280 万吨左右，其中近 85 万吨由粮食部门掌握，其余近 200 万吨在农民手中。鉴于目前地力情况、生产条件，继续增加粮食生产不仅不会使农民增加收入，相反会加重农民和政府的负担。据相关

专家的分析，把西藏粮食产量稳定在每年 70 万吨左右，就可以满足当地农牧民人口的基本粮食需求，也就是说只要保持 13 万公顷的耕地生产粮食，就能满足西藏当地农牧民的基本粮食需求。目前全区有 23 万公顷耕地，可以调整出 10 万公顷左右的耕地进行牧草生产。根据中科院和中国农业大学等科研单位在西藏拉萨、日喀则和山南进行的青饲玉米规模化栽培试验，结果表明以当前农牧民所能掌握的科技和生产资料、劳动力投入水平估算，青饲玉米单产完全可以达到 120 吨/公顷，经过青贮每公顷土地可生产 35 吨左右的干物质，可以解决 53 个羊单位的年饲草需求，如果能如上所说每年调整出 10 万公顷的耕地生产青饲玉米，每年可以生产出 350 万吨的干物质，解决 530 万羊单位的年饲草需求，在短期内可有效缓解草畜矛盾。

⑥ 政策层面的持续支持。政府扶持，搞好服务是牧草发展的有效推动力。牧草发展是新生事物，尤其开始阶段需政府的扶持和服务，才能保证启动和顺利进行。同时，农业主管部门组织科技人员和管理人员，为农民做好技术培训和技术指导，同时做好物资协调，现场解决生产中存在的问题，确保生产顺利进行。西藏自治区"十二五"饲草产业重大科技专项，自 2010 年启动实施以来，成立了西藏高原草业工程技术研究中心，组建了以中国科学院拉萨农业生态试验站、自治区农牧学院草业学院和自治区农科所草业研究所等区内外多家草业科研单位组成的西藏草业创新技术联盟，团队人员达 20 多名。截至目前，项目累计投入科技经费 2 600 多万元。通过这几年的努力，项目在牧草引种、选育、高产栽培，饲草加工，种子繁育基地建设，种质资源圃建设及农区畜牧业养殖模式探索等方面开展了一系列的探索，已经取得了可喜的成绩。

⑦ 加大政策支持力度，降低相关生产资料价格。在西藏国民经济的发展过程中，长期以来采取的是支持粮食生产的政策，直到现在粮食生产已实现自给有余，但人工草业却仍处于附属地位。实践证明，当粮食生产发展到一定程度后，继续加大投入反而会引起边际效应递减。随着西藏畜牧业规模不断扩张，人工草地建设势在必行，这就需要像支持粮食生产一样大力支持人工草地建设。现阶段，对人工草地建设的支持主要表现在免费提供种子、地膜等生产资料，加大草业科技公关投入等。但在市场经济中，这显然是不可

持续的。正是由于这些生产资料的全额补贴，导致草业生产资料市场无法发育完善，农户即便想种植人工牧草，也很难在区内市场上购买到价格适中的生产资料。外地市场的昂贵价格不仅增加了人工草地建设的生产成本，同时也阻碍了其进一步推广。由此可见，出台一系列支持人工草地建设的政策措施，培育、完善本地市场也是降低人工草地建设生产成本的重要途径。

⑧ 积极推进牧草产业化进程，产业化是经济发展的方向，也是牧草业发展的方向。必须走产业化道路，才能做强做大。因此，牧草业发展要从产业化入手，从一开始就向产业化方向发展。使牧草业走向区域化布局、规模化发展，专业化生产、一体化经营的产业化之路。当前要重点抓好牧草生产，积极扶持草加工企业，鼓励广大养殖户种植牧草，解决饲养中冬季草料不足的问题。在牧草生产中积极推广订单生产，使种植户与养殖户、种植户与草加工企业、草加工企业与养殖户形成利益共同体，走出一条"龙头企业＋基地＋农户＋养殖户"的产业化道路。集中连片种植，发展规模化生产，推进产业化经营是牧草业发展的方向。在生产种植牧草中尽量做到集中连片，扩大生产规模，才能实现规模效益，而且还能促进产业化的发展，同时带动相关产业共同进步。

⑨ 搞好社会化服务，推动牧草产业发展。畜牧部门为牧草业发展服务是义不容辞的责任，应围绕生产全过程多层次、全方位搞好服务，在产前要为农民提供优良的牧草种子，提供牧草供求信息、农资供求信息，引导农民搞好种植；在产中要组织技术人员深入基层到田间地头为农民做好现场技术指导，协调生产所需物资，为农民解决生产中存在的问题；在产后要帮助农民做好产品销售，落实订单合同，理顺流通渠道，确保农民增加收入。

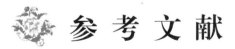

参 考 文 献

［1］ Abbasi D, Rouzbehan Y, Rezaei J. Effect of harvest date and nitrogen fertilization rate on the nutritive value of amaranth forage (*Amaranthus hypochondriacus*). Anim. Feed. Sci. Tech. 2012, 171: 6-13.

［2］ Abbasi M K, Khizar A. Microbial biomass carbon and nitrogen transformations in a loam soil amended with organic-inorganic N sources and their effect on growth and N-uptake in maize. Ecol. Eng. 2012a, 39: 123-132.

［3］ Abbasi M K, Tahir M M, Sadiq A, et al.. Yield and nitrogen use efficiency of rainfed maize response to splitting and nitrogen rates in Kashmir, Pakistan. Agron. J. 2012b, 104: 448-457.

［4］ Abera G, Wolde-Meskel E, Bakken L R. Carbon and nitrogen mineralization dynamics in different soils of the tropics amended with legume residues and contrasting soil moisture contents. Biol. Fert. Soils. 2012, 48: 51-66.

［5］ Acreche M, Slafer G. Lodging yield penalties as affected by breeding in Mediterranean wheats. Field Crops Res. 2011, 122: 40-48.

［6］ Albayrak S, Turk M. Changes in the forage yield and quality of legume-grass mixtures throughout a vegetation period. Turk. J. Agric. For. 2001, 37 (2): 139-147.

［7］ Almodares A, Jafarinia M, Hadi M. The effects of nitrogen fertilizer on chemical compositions in corn and sweet sorghum. J. Agric. Environ. Sci. 2009, 6: 441-446.

［8］ Alzueta I, Abeledo L G, Mignone C M, et al.. Differences between wheat and barley in leaf and tillering coordination under contrasting nitrogen and sulfur

conditions. Eur. J. Agron. 2012, 41: 92-102.

[9] Anbessa Y, Juskiw P, Good A, et al.. Genetic variability in nitrogen use efficiency of spring barley. Crop. Sci. 1992, 49: 1259-1269.

[10] Aranibar J, Anderson I, Epstein H, et al.. Nitrogen isotope composition of soils, C_3 and C_4 plants along land use gradients in southern Africa. J. Arid Environ. 2008, 72: 326-337.

[11] Atis I Konuskan O, Duru M, et al.. Effect of harvesting time on yield, composition and forage quality of some forage sorghum cultivars. Int. J. Agric. Bio. 2012, 14 (6): 879-886.

[12] Aulakh M, Pasricha N, Azad A. Phosphorus-sulphur interrelationships for soybeans on P and S deficient soil. Soil Sci.. 1990,150: 705-709.

[13] Balch D, Rowland S. Volatile fatty acids and lactic acid in the rumen of dairy cows receiving a variety of diets. Brit. J. Nutr. 1957, 11: 288-298.

[14] Banik P, Midya A, Sarkar B K. Wheat and chickpea intercropping systems in an additive series experiment: Advantages and weed smothering. Eur. J. Agron. 2006, 24(4): 325-332.

[15] Barbieri P A, Echeverría H E, SaínzRozas H R, et al.. Nitrogen use efficiency in maize as affected by nitrogen availability and row spacing. Agron. J. 2008, 100: 1094-1100.

[16] Bartholomew P, Chestnutt D. The effect of a wide range of fertilizer nitrogen application rates and defoliation intervals on the dry-matter production, seasonal response to nitrogen, persistence and aspects of chemical composition of perennial ryegrass (*Loliumperenne* cv. S. 24). J. Agr. Sci. 1977, 88: 711-721.

[17] Bélanger G, Gastal F, Lemaire G. Growth analysis of a tall fescue sward fertilized with different rates of nitrogen. Crop. Sci. 1992, 32: 1371-1376.

[18] Benzian B, Lane P. Some relationships between grain yield and grain protein of wheat experiments in south-east England and comparisons with such relationships elsewhere. J. Sci. Food Agr. 1979, 30: 59-70.

[19] Blaser R. Symposium on forage utilization: effects of fertility levels and stage of maturity on forage nutritive value. J. Anim. Sci.1964, 23: 246-253.

[20] Bolan N S, Hedley M J, White R E.Processes of soil acidification during nitrogen cycling with emphasis on legume based pastures.Plant Soil. 1991,134 (1): 53-63.

[21] Briones Jr A M, Okabe S, et al.. Ammonia-oxidizing bacteria on root biofilms and their possible contribution to N use efficiency of different rice cultivars. Plant Soil. 2003, 250: 335-348.

[22] Britto D T, Kronzucker H J. Ecological significance and complexity of N-source preference in plants. Ann. Bot-london. 2013, 112: 957-963.

[23] Brookes P C, Landman A, Pruden, G, et al.. Chloroform fumigation and the release of soil nitrogen: a rapid direct extraction method to measure microbial biomass nitrogen in soil. Soil. Biol. Biochem. 1985, 17: 837-842.

[24] Büntgen U. Temperature-induced recruitment pulses of Arctic dwarf shrub communities. J. Ecol.. 2015, 103(2): 489-501.

[25] Cassman K G, Dobermann A, Walters D T. Agroecosystems, nitrogen-use efficiency, and nitrogen management. AMBIO: Am. J. Hum. Biol.. 2002, 31: 132-140.

[26] Chadwick D, John F, Pain B, et al.. Plant uptake of nitrogen from the organic nitrogen fraction of animal manures: a laboratory experiment. J. Agr. Sci. 2000, 134: 159-168.

[27] Chen G, Guo S, Kronzucker H J, et al.. Nitrogen use efficiency (NUE) in rice links to NH_4^+ toxicity and futile NH_4^+ cycling in roots. Plant Soil. 2013, 369: 351-363.

[28] Chivenge P, Vanlauwe B, Six J. Does the combined application of organic and mineral nutrient sources influence maize productivity? A meta-analysis. Plant Soil. 2011, 342: 1-30.

[29] Chmelikova L,Wolfrum S, Schmid H, et al.. Seasonal development of biomass yield in grass-legume mixtures on different soils and development of above-

and belowground organs of Medicago sativa. Arch Agron Soil Sci. 2015, 61 (3): 329-346.

［30］ Coblentz W, Jokela W, Bertram M. Cultivar, harvest date, and nitrogen fertilization affect production and quality of fall oat.Agron. J. 2014, 106: 2075-2086.

［31］ Dan H. Effects of Different Application Rates of Nitrogen on Photosynthetic Pigment, Biomass and Yield of Winter Highland Barley Seedlings. J. of Anhui Agr. Sci. 2011, 24: 018.

［32］ De, Giorgio D, Lestingi A, Bovera F, et al.. Bioactivators and nitrogen fertilization applied to durum wheat: Effects on the chemical composition and in vitro digestibility of straw. Options Mediterraneennes, Series A. 2008, 79: 443-447.

［33］ Dhima K V, Lithourgidis A S, Vasilakoglou I B, et al.. Competition indices of common vetch and cereal intercrops in two seeding ratio.Field Crop Res. 2007, 100 (2-3): 249-256.

［34］ Duan Y, Xu M, Wang B, et al.. Long-term evaluation of manure application on maize yield and nitrogen use efficiency in China. Soil Sci. Soc. Am. J.. 2011, 75(4): 1562-1573.

［35］ Eghball B, Power J F. Phosphorus-and nitrogen-based manure and compost applications corn production and soil phosphorus. Soil Sci. Soc. Am. J.1999, 63(4): 895-901.

［36］ Ephrem N, Tegegne F, Mekuriaw Y, et al.. Nutrient intake, digestibility and growth performance of Washera lambs supplemented with graded levels of sweet blue lupin (*Lupinusangustifolius* L.) seed. Small Ruminant Res. 2015, 130: 101-107.

［37］ Ferguson R B, Nienaber J A, Eigenberg R A, et al.. Long-term effects of sustained beef feedlot manure application on soil nutrients, corn silage yield, and nutrient uptake. J. Environ. Qual. 2005, 34: 1672-1681.

［38］ Foulkes M, Sylvester-Bradley R, Scott R. Evidence for differences between

winter wheat cultivars in acquisition of soil mineral nitrogen and uptake and utilization of applied fertilizer nitrogen. J. Agr. Sci.. 1998, 130: 29-44.

[39] Ghaley B B, Hauggaard-Nielsen H, Hogh-Jensen H, et al.. Intercropping of wheat and pea as influenced by nitrogen fertilization. Nutr. Cycl. Agroecosys. 2005, 73 (2-3): 201-212.

[40] Glass A D, Britto D T, Kaiser B N, et al.. The regulation of nitrate and ammonium transport systems in plants. J. Exp. Bot. 2002, 53: 855-864.

[41] Grahmann K, Verhulst N, Buerkert A, et al.. Nitrogen use efficiency and optimization of nitrogen fertilization in conservation agriculture.CAB Reviews. 2013, 8 (053): 1-19.

[42] Guntinas M, Leirós M, Trasar-Cepeda C, et al.. Effects of moisture and temperature on net soil nitrogen mineralization: a laboratory study. Eur. J. Soil Biol. 2012, 48: 73-80.

[43] Gusha J, Halimani T, Ngongoni N, et al.. Effect of feeding cactus-legume silages on nitrogen retention, digestibility and microbial protein synthesis in goats. Anim. Feed. Sci. Tech. 2015, 26: 1-7.

[44] Hackmann T J, Firkins J L. Maximizing efficiency of rumen microbial protein production. Front Microbiol. 2015, 6: 465.

[45] Hansen P, Jrgensen J R, Thomsen A.Predicting grain yield and protein content in winter wheat and spring barley using repeated canopy reflectance measurements and partial least squares regression. J. Agr. Sci.. 2002, 139: 307-318.

[46] He S, Zhang D, Tang L. Optimal NPK fertilization and its effect on naked barley yield in sub-highland region. J. Yunnan Agr. Univ.. 2009, 2: 23.

[47] Heaton E, Voigt T, Long S P. A quantitative review comparing the yields of two candidate C_4 perennial biomass crops in relation to nitrogen, temperature and water. Biomass Bioenerg. 2004, 27: 21-30.

[48] Heggenstaller A H, Moore K J, Liebman M, et al.. Nitrogen influences biomass and nutrient partitioning by perennial, warm-season grasses. Agron.

J.. 2009, 101: 1363-1371.

[49] Hirel B, Bertin P, Quilleré I, et al.. Towards a better understanding of the genetic and physiological basis for nitrogen use efficiency in maize. Plant Physiol. 2001, 125: 1258-1270.

[50] Hopkins A, Martyn T M, Bowling P J. Introduction of annual forage species (*Secale cereale L and LoliummultiflorumLam*) into permanent swards: A technique to improve early season herbage production and nitrogen uptake. Biol Agric Hortic.. 1997,14 (2): 95-105.

[51] Hu D. Effects of Different Application Rates of Nitrogen on Photosynthetic Pigment, Biomass and Yield of Winter Highland Barley Seedlings. J. Anhui Agr. Sci.. 2011, 24: 18.

[52] Hull R J, Liu H. Turfgrass nitrogen: Physiology and environmental impacts. Int. Turfgrass Soc. Res. J.. 2005, 10: 962-975.

[53] Hurisso T T, Davis J G, Brummer J E, et al.. Short-term nitrogen mineralization during transition from conventional to organic management is unchanged by composted dairy manure addition in perennial forage systems. Org. Agr. 2012, 2: 219-232.

[54] Ignacio L, Gabriela, César M, et al.. Differences between wheat and barley in leaf and tillering coordination under contrasting nitrogen and sulfur conditions. Eur. J. Agr.. 2012, 41: 92-102.

[55] Immerzeel W, Stoorvogel J, Antle J. Can payments for ecosystem services secure the water tower of Tibet? Agr Syst, 2008, 96(1-3): 52-63.

[56] Islam M, Garcia S, Horadagoda A. Effects of residual nitrogen, nitrogen fertilizer, sowing date and harvest time on yield and nutritive value of forage rape. Anim. Feed. Sci. Tech.. 2012, 177: 52-64.

[57] Jannoura R, Bruns C, Joergensen R G. Organic fertilizer effects on pea yield, nutrient uptake, microbial root colonization and soil microbial biomass indices in organic farming systems. Eur. J. Agron. 2013, 49: 32-41.

[58] Jarchow M E, Liebman M. Tradeoffs in biomass and nutrient allocation in

prairies and corn managed for bioenergy production. Crop. Sci.. 2012, 52: 1330-1342.

[59] Johnson D, Leake J, Read D. Liming and nitrogen fertilization affects phosphatase activities, microbial biomass and mycorrhizal colonisation in upland grassland. Plant Soil.. 2005, 271: 157-164.

[60] Jokela W E. Nitrogen fertilizer and dairy manure effects on corn yield and soil nitrate. Soil Sci. Soc. Am. J.. 1992, 56: 148-154.

[61] Jones D, Griffith G, Walters R. The effect of nitrogen fertilizers on the water-soluble carbohydrate content of grasses. J. Agr. Sci.. 1965, 64: 323-328.

[62] Jones D L, Healey J R, Willett V B, et al.. Dissolved organic nitrogen uptake by plants——an important N uptake pathway? Soil. Biol. Biochem. 2005, 37: 413-423.

[63] Jung J Y, Lal R. Impacts of nitrogen fertilization on biomass production of switchgrass (*Panicum virgatum* L.) and changes in soil organic carbon in Ohio. Geoderma. 2011, 166: 145-152.

[64] Kant S, Bi Y, Rothstein, et al.. Understanding plant response to nitrogen limitations for the improvement of crop nitrogen use efficiency. J. Exp. Bot. 2010, 6: 1-11.

[65] Kaul H, Kruse M, Aufhammer, W. Yield and nitrogen utilization efficiency of the pseudocereals amaranth, quinoa, and buckwheat under differing nitrogen fertilization. Eur. J. Agron.. 2005, 22: 95-100.

[66] Keating T, O'Kiely P. Comparison of old permanent grassland, *Loliumperenne* and *Loliummultiflorum* swards grown for silage: 3. Effects of varying fertiliser nitrogen application rate. Irish J. Agr. Food Res.. 2000: 35-53.

[67] Kimetu J, Mugendi D, Palm C, et al.. Nitrogen fertilizer equivalencies of organics of differing quality and optimum combination with inorganic nitrogen source in Central Kenya. Nutr. Cycl. Agroecosyst. 2004, 68: 127-135.

[68] Klop G, Velthof G, van Groenigen J. Application technique affects the

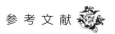
potential of mineral concentrates from livestock manure to replace inorganic nitrogen fertilizer. Soil Use. Manage. 2012, 28: 468-477.

[69] Kramer A W, Doane T A, Horwath W R, et al.. Combining fertilizer and organic inputs to synchronize N supply in alternative cropping systems in California. Agr. Ecosyst. Environ. 2002, 91: 233-243.

[70] Langer R H M, Liew F K Y. Effects of varying nitrogen supply at different stages of the reproductive phase on spikelet and grain production and on grain nitrogen in wheat. Crop Pasture Sci.. 1973, 24: 647-656.

[71] Lehrsch G, Brown B, Lentz R, et al.. Compost and Manure Effects on Sugarbeet Nitrogen Uptake, Nitrogen Recovery, and Nitrogen Use Efficiency. Agron. J.. 2015, 107: 1155-1166.

[72] Lemus R, Brummer E C, Burras C L, et al.. Effects of nitrogen fertilization on biomass yield and quality in large fields of established switchgrass in southern Iowa, USA. Biomass Bioenerg. 2008, 32: 1187-1194.

[73] Li C, Li Y, Yu C, et al.. Crop nitrogen use and soil mineral nitrogen accumulation under different crop combinations and patterns of strip intercropping in northwest China.Plant Soil. 2011,342 (1-2): 221-231.

[74] Li H, Shen J, Zhang F, et al.. Phosphorus uptake and rhizosphere properties of intercropped and monocropped maize, faba bean, and white lupin in acidic soil. Biolfert soils, 2010, 46 (2): 79-91.

[75] Li L, Li S, Sun J, et al.. Diversity enhances agricultural productivity via rhizosphere phosphorus facilitation on phosphorus-deficient soils. Proceedings of the National Academy of Sciences of the United States of America. 2007, 104 (27): 11192-11196.

[76] Li Y, Yu C, Cheng X, et al.. Intercropping alleviates the inhibitory effect of N fertilization on nodulation and symbiotic N2 fixation of faba bean. Plant Soil, 2009, 323 (1/2): 295-308.

[77] Liu Q, Qiao N, Xu X, et al.. Nitrogen acquisition by plants and microorganisms in a temperate grassland. Sci. rep-uk. 2016, 6: 22642.

［78］ Liu X, Chen B. Climatic warming in the Tibetan Plateau during recent decades. Int. J. Climatol. 2000, 20: 1729-1742.

［79］ Liu X, Wang G, Li J, el al.. Nitrogen isotope composition characteristics of modern plants and their variations along an altitudinal gradient in Dongling Mountain in Beijing. Science in China Series D: Earth Sci.. 2010, 53: 128-140.

［80］ Liu Y, Bao Q, Duan A, et al.. Recent progress in the impact of the Tibetan Plateau on climate in China. Adv. Atmos. Sci.. 2007, 24: 1060-1076.

［81］ Lovett D, Bortolozzo A, Conaghan P, et al.. In vitro total and methane gas production as influenced by rate of nitrogen application, season of harvest and perennial ryegrass cultivar. Grass. Forage. Sci.. 2004, 59: 227-232.

［82］ Makkar H, Becker K. Purine quantification in digesta from ruminants by spectrophotometric and HPLC methods. Brit. J. Nutr.. 1999, 81: 107-112.

［83］ Malhi S, Grant C, Johnston A, et al.. Nitrogen fertilization management for no-till cereal production in the Canadian Great Plains: a review. Soil Till. Res.. 2001, 60: 101-122.

［84］ Marschner H, Rimmington G. Mineral nutrition of higher plants. Plant Cell Environ. 1988, 11: 147-148.

［85］ Marshall H, Kolb F, Roth G. Effects of nitrogen fertilizer rate, seeding rate, and row spacing on semidwarf and conventional height spring oat. Crop. Sci.. 1987, 27: 572-575.

［86］ Mathison G, Okine E, Mc Allister T, et al.. Reducing methane emissions from ruminant animals. J. Appl. Anim. Res.. 1998, 14: 1-28.

［87］ May W E, Mohr R M, Lafond G P, et al.. Effect of nitrogen, seeding date and cultivar on oat quality and yield in the eastern Canadian prairies. Can. J. Plant Sci.. 2004, 84: 1025-1036.

［88］ McKenzie R, Middleton A, Bremer E. Fertilization, seeding date, and seeding rate for malting barley yield and quality in southern Alberta. Can. J. Plant Sci.. 2005, 85: 603-614.

［89］ Menke K H, Steingass H. Estimation of the energetic feed value obtained from chemical analysis and in vitro gas production using rumen fluid. Anim. Res. Dev.. 1988, 28: 7-55.

［90］ Michalet R. Partitioning net interactions among plants along altitudinal gradients to study community responses to climate change. Functecol. 2014, 28(1): 75-86.

［91］ Miller A E, Bowman W D. Variation in ^{15}N natural abundance and nitrogen uptake traits among co-occurring alpine species: do species partition by nitrogen form? Oecologia. 2002, 130: 609-616.

［92］ Mooleki S, Schoenau J, Charles J, et al.. Effect of rate, frequency and incorporation of feedlot cattle manure on soil nitrogen availability, crop performance and nitrogen use efficiency in east-central Saskatchewan. Can. J. Soil Sci.. 2004, 84: 199-210.

［93］ Moreira N. The effect of seed rate and nitrogen-fertilizer on the yield and nutritive-value of oat vetch mixtures. J. Agr. Sci-cambridge. 1989,112 (1): 57-66.

［94］ Muchow R. Nitrogen utilization efficiency in maize and grain sorghum. Field. Crop. Res.. 1998, 56: 209-216.

［95］ Mugwe J, Mugendi D, Kungu J, et al.. Effect of plant biomass, manure and inorganic fertilizer on maize yield in the Central Highlands of Kenya. Afr. Crop Sci. J. 2007: 15.

［96］ Mulkey V, Owens V, Lee D. Management of warm-season grass mixtures for biomass production in South Dakota USA. Bioresource Technol. 2008, 99: 609-617.

［97］ Muurinen S, Kleemola J, Peltonen-Sainio P. Accumulation and translocation of nitrogen in spring cereal cultivars differing in nitrogen use efficiency. Agron. J. 2007, 99: 441-449.

［98］ Muurinen S, Slafer G A, Peltonen-Sainio P. Breeding effects on nitrogen use efficiency of spring cereals under northern conditions. Crop Sci.. 2006, 46:

561-568.

［99］ Myers R L. Nitrogen fertilizer effect on grain amaranth. Agron. J.. 1998, 90: 597-602.

［100］ Nacry P, Bouguyon E, Gojon A. Nitrogen acquisition by roots: physiological and developmental mechanisms ensuring plant adaptation to a fluctuating resource. Plant Soil. 2013, 370: 1-29.

［101］ Namai S, Toriyama K, Fukuta Y. Genetic variations in dry matter production and physiological nitrogen use efficiency in rice (*Oryza sativa* L.) varieties. Breeding. Sci.. 2009, 59: 269-276.

［102］ Nass H, Kunelius H, Suzuki M. Effects of nitrogen application on barley, oats and triticale grown as forage. Can. J. Plant Sci.. 1975, 55: 49-53.

［103］ Nieder R, Benbi D K, Scherer H W. Fixation and defixation of ammonium in soils: a review. Biol. Fert. Soils. 2011, 47: 1-14.

［104］ Nordheim-Viken H, Volden H. Effect of maturity stage, nitrogen fertilization and seasonal variation on ruminal degradation characteristics of neutral detergent fibre in timothy (*Phleum pratense* L.). Anim. Feed. Sci. Tech.. 2009, 149: 30-59.

［105］ Nori H, Abdul Halim R, Ramlan M F. Effects of nitrogen fertilization management practice on the yield and straw nutritional quality of commercial rice varieties. Mal. J. of Math. Sci.. 2008, 2: 61-71.

［106］ Ohm H. Response of 21 oat cultivars to nitrogen fertilization. Agron. J.. 1976, 68: 773-775.

［107］ Ortiz-Monasterio R, Sayre K, Rajaram S, et al.. Genetic progress in wheat yield and nitrogen use efficiency under four nitrogen rates. Crop. Sci.. 1997, 37: 898-904.

［108］ Pan Q, Bai Y, Han X, et al.. Effects of nitrogen addition on a leymuschinensis population in typical steppe of inner mongolia. Acta Phytoecol. Sinica. 2005, 2: 18.

［109］ Paul J, Beauchamp E. Short communication: Soil microbial biomass C,

N mineralization, and N uptake by corn in dairy cattle slurry-and urea-amended soils. Can. J. Soil Sci.. 1996, 76: 469-472.

[110] Perring M P, Hedin L O, Levin, et al.. Increased plant growth from nitrogen addition should conserve phosphorus in terrestrial ecosystems. P. Natl. Acad. of Sci.. 2008, 105: 1971-1976.

[111] Peyraud J, Astigarraga L. Review of the effect of nitrogen fertilization on the chemical composition, intake, digestion and nutritive value of fresh herbage: consequences on animal nutrition and N balance. Anim. Feed. Sci. Tech.. 1998, 72: 235-259.

[112] Phillips S J, Anderson R P, Schapire R E. Maximum entropy modeling of species geographic distributions. Ecol. Model. 2006, 190(3-4): 231-259.

[113] Powles S B, Yu Q. Evolution in action: plants resistant to herbicides.Annu. Rev. Plant. Biol.. 2010, 61: 317-347.

[114] Pratt, P, Laag A. Potassium accumulation and movement in an irrigated soil treated with animal manures. Soil Sci. Soc. Am. J.. 1977, 41: 1130-1133.

[115] Presterl T, Seitz G, Landbeck M, et al.. Improving nitrogen-use efficiency in european maize. Crop. Sci.. 2003, 43: 1259-1265.

[116] Rajala A, Peltonen-Sainio P, Jalli M, et al.. Nitrogen use efficiency in old and modern barley genotypes. Crop. Sci.. 2013, 36: 798-804.

[117] Randall G, Schmitt M, Schmidt J. Corn production as affected by time and rate of manure application and nitrapyrin. J. Prod. Agric.. 1999, 12: 317-323.

[118] Recous S, Robin D, Darwis D, et al.. Soil inorganic N availability: effect on maize residue decomposition. Soil. Biol.. Biochem. 1995, 27: 1529-1538.

[119] Redaelli R, Scalfati G, Ciccoritti R, et al.. Effects of genetic and agronomic factors on grain composition in oats. Cereal Res. Commun. 2014, 43: 144-154.

[120] Reddy G B, Reddy K R. Fate of nitrogen-15 enriched ammonium nitrate applied to corn. Soil Sci. Soc. Am. J.. 1993, 57: 111-115.

［121］ Robertson G P, Vitousek P M. Nitrogen in agriculture: balancing the cost of an essential resource. Ann. Rev. Env. Resour.. 2009, 34: 97-125.

［122］ Ronquillo M G, Fondevila M, Urdaneta A B, et al.. In vitro gas production from buffel grass (*Cenchrusciliaris* L.) fermentation in relation to the cutting interval, the level of nitrogen fertilisation and the season of growth. Anim. Feed. Sci. Tech.. 1998, 72: 19-32.

［123］ Rostamza, M, Chaichi M R, Jahansouz M R, et al.. Forage quality, water use and nitrogen utilization efficiencies of pearl millet (*Pennisetumamericanum* L.) grown under different soil moisture and nitrogen levels. Agr. Water Manage. 2011, 98: 1607-1614.

［124］ Rufat J, Villar J, Pascual M, et al.. Productive and vegetative response to different irrigation and fertilization strategies of an Arbequina olive orchard grown under super-intensive conditions. Agr. Water Manage. 2014, 144: 33-41.

［125］ Sadeghpour A, Gorlitsky L, Hashemi M, et al.. Response of switchgrass yield and quality to harvest season and nitrogen fertilizer. Agron. J. 2014, 106: 290-296.

［126］ Salsac L, Chaillou S, Lesaint C, et al.. Nitrate and ammonium nutrition in plants [organic anion, ion accumulation, osmolarity]. Plant Physiol. Biochem. 1987, 2: 23-31.

［127］ Sarathchandra S, Ghani A, Yeates G, et al.. Effect of nitrogen and phosphate fertilisers on microbial and nematode diversity in pasture soils. Soil. Biol. Biochem. 2001, 33: 953-964.

［128］ Sartor L, Assmann T, Soares A, et al.. Nitrogen fertilizer use efficiency, recovery and leaching of an alexandergrass pasture. R. Bras. Ci. Solo 2011, 35: 899-906.

［129］ Sato S, Morgan K T, Ozores-Hampton M, et al.. Nutrient balance and use efficiency in sandy soils cropped with tomato under seepage irrigation. Soil Sci. Soc. Am. J.. 2012, 76: 1867-1876.

［130］ Satyanarayana V, Vara Prasad P, Murthy V, et al.. Influence of integrated use of farmyard manure and inorganic fertilizers on yield and yield components of irrigated lowland rice. J. Plant Nutr.. 2002, 25: 2081-2090.

［131］ Schlegel A J, Assefa Y, Bond H D, et al.. Corn Response to Long-Term Applications of Cattle Manure, Swine Effluent, and Inorganic Nitrogen Fertilizer. Agron. J.. 2015, 107: 1701-1710.

［132］ Shahin M, Abdrabou R T, Abdelmoemn W, et al.. Response of growth and forage yield of pearl millet (*Pennisetumgalucum*) to nitrogen fertilization rates and cutting height. Ann. Agr. Sci. 2013, 58: 153-162.

［133］ ShunRong H, De Gang Z, Li T. Optimal NPK fertilization and its effect on naked barley yield in sub-highland region. J. Yunnan Agr. Univ.. 2009, 24: 265-269.

［134］ Sleugh B B, Moore K J, Brummer E C, et al.. Forage nutritive value of various amaranth species at different harvest dates. Crop. Sci.. 2001, 41: 466-472.

［135］ Smith D, Owens P, Leytem A, et al.. Nutrient losses from manure and fertilizer applications as impacted by time to first runoff event. Environ. Pollut. 2007, 147: 131-137.

［136］ Smith J. Cycling of nitrogen through microbial activity. Soil Bio.. 1994, 2: 13-19.

［137］ Spiertz J, Ellen J. Effects of nitrogen on crop development and grain growth of winter wheat in relation to assimilation and utilization of assimilates and nutrients. Neth. J. Agr. Sci.. 1978, 26: 210-231.

［138］ Stitt M, Müller C, Matt P, et al.. Steps towards an integrated view of nitrogen metabolism. J. Exp. Bot.. 2002, 53: 959-970.

［139］ Takahashi J, Young B. Prophylactic effect of L-cysteine on nitrate-induced alterations in respiratory exchange and metabolic rate in sheep. Anim. Feed Sci. Tech.. 1991, 35: 105-113.

［140］ Talbot J M, Treseder K K. Interactions among lignin, cellulose, and

nitrogen drive litter chemistry-decay relationships. Ecology. 2012, 93: 345-354.

[141] Taylor T, Templeton W. Stockpiling Kentucky bluegrass and tall fescue forage for winter pasturage. Agron. J. 1976, 68: 235-239.

[142] Thomason W, Raun W, Johnson G, et al.. Production System Techniques to Increase Nitrogen Use Efficiency in Winter Wheat. J. Plant Nutr.. 2002, 25: 2261-2283.

[143] Tigre W, Worku W, Haile W. Effects of nitrogen and phosphorus fertilizer levels on growth and development of barley (*Hordeum vulgare* L.) at Bore District, Southern Oromia, Ethiopia. Amer. J. Life Sci.. 2014, 2: 260-266.

[144] Torres-Olivar V, Villegas-Torres O G, Sotelo-Nava H, et al.. Role of Nitrogen and Nutrients in Crop Nutrition. J. Agr. Sci. Tech.. 2014, 4: 29.

[145] Treseder K K. Nitrogen additions and microbial biomass: A meta-analysis of ecosystem studies. Ecol. Lett.. 2008, 11: 1111-1120.

[146] Tsai C, Dweikat I, Huber D, et al.. Interrelationship of nitrogen nutrition with maize (*Zea mays*) grain yield, nitrogen use efficiency and grain quality. J. Sci. Food Agr.. 1992, 58: 1-8.

[147] Udvardi M K, Day D A. Metabolite transport across symbiotic membranes of legume nodules. Annu. Rev Plant Bio.. 1997, 48: 493-523.

[148] ünlü K. Nitrogen fertilizer leaching from cropped and irrigated sandy soil in Central Turkey. Eur. J. Soil Sci.. 1999, 50: 609-620.

[149] Valk H, Kappers I, Tamminga S. In sacco degradation characteristics of organic matter, neutral detergent fibre and crude protein of fresh grass fertilized with different amounts of nitrogen. Anim. Feed. Sci. Tech.. 1996, 63: 63-87.

[150] Van Soest P. Symposium on nutrition and forage and pastures: new chemical procedures for evaluating forages. J. Anim. Sci.. 1964, 23: 838-845.

[151] VanSoest P, Robertson J, Lewis B. Methods for dietary fiber, neutral detergent fiber, and nonstarch polysaccharides in relation to animal

nutrition. J. Dairy Sci.. 1991, 74: 3583-3597.

[152] Vanlauwe B, Bationo A, Chianu J, et al.. Integrated soil fertility management operational definition and consequences for implementation and dissemination. Outlook. Agr.. 2010, 39: 17-24.

[153] Wallander H, Arnebrant K, Östrand F, et al.. Uptake of 15N-labelled alanine, ammonium and nitrate in Pinus sylvestris L. ectomycorrhiza growing in forest soil treated with nitrogen, sulphur or lime. Plant Soil. 1997, 195: 329-338.

[154] Wang C, Wan S, Xing X, et al.. Temperature and soil moisture interactively affected soil net N mineralization in temperate grassland in Northern China. Soil. Biol. Biochem.. 2006, 38: 1101-1110.

[155] Waramit N, Moore K J, Heggenstaller A H. Composition of native warm-season grasses for bioenergy production in response to nitrogen fertilization rate and harvest date. Agron. J.. 2011, 103: 655-662.

[156] Warren C R, Taranto M T. Temporal variation in pools of amino acids, inorganic and microbial N in a temperate grassland soil. Soil. Biol. Biochem. 2010, 42: 353-359.

[157] Wilkins P, Allen D, Mytton L. Differences in the nitrogen use efficiency of perennial ryegrass varieties under simulated rotational grazing and their effects on nitrogen recovery and herbage nitrogen content. Grass. Forage. Sci.. 2000, 55: 69-76.

[158] Williams C M, Henry H A L, Sinclair B J. Cold truths: how winter drives responses of terrestrial organisms to climate change. Biological Reviews. 2015. 90(1): 214-235.

[159] Williams M A, Rice C W. Seven years of enhanced water availability influences the physiological, structural, and functional attributes of a soil microbial community. Appl. Soil Ecol.. 2007, 35: 535-545.

[160] Wilman D, Wright P. The proportions of cell content, nitrogen, nitrate-nitrogen and water-soluble carbohydrate in three grasses in the early stages

of regrowth after defoliation with and without applied nitrogen. J. Agr. Sci.. 1978, 91: 381-394.

[161] Wipf S, Rixen C. Areview of snow manipulation experiments in Arctic and alpine tundra ecosystems. Polar Research. 2010, 29(1): 95-109.

[162] Xu G, Fan X, Miller A J. Plant nitrogen assimilation and use efficiency. Annu. Rev. Plant Bio.. 2012, 63: 153-182.

[163] Yin L C, Cai Z C, Zhong W H. Changes in weed community diversity of maize crops due to long-term fertilization.Crop Protection, 2006, 25: 910-914.

[164] Yoneyama T, Matsumaru T, Usui K, et al.. Discrimination of nitrogen isotopes during absorption of ammonium and nitrate at different nitrogen concentrations by rice (*Oryza sativa* L.) plants. Plant Cell Environ. 2001, 24: 133-139.

[165] Zemenchik R A, Albrecht K A. Nitrogen use efficiency and apparent nitrogen recovery of Kentucky bluegrass, smooth bromegrass, and orchardgrass. Agron. J.. 2002, 94: 421-428.

[166] Zhang F S, Li L. Using competitive and facilitative interactions in intercropping systems enhances crop productivity and nutrient-use efficiency. Plant Soil.. 2003, 248 (1-2): 305-312.

[167] 包成兰，张世财. 高寒地区几种燕麦品种生产特性比较. 草业科学，2008, 25(10)：144-147.

[168] 宾振钧，张仁懿，张文鹏，等. 氮磷硅添加对青藏高原高寒草甸垂穗披碱草叶片碳氮磷的影响. 生态学报，2015, 35：4699-4706.

[169] 蔡瑜如，傅华，陆丽芳，等. 陆地生态系统植物吸收有机氮的研究进展. 草业科学，2014, 3：1357-1366.

[170] 曹仲华，魏军，杨富裕，等. 西藏山南地区箭筈豌豆与丹麦"444"燕麦混播效应的研究. 西北农业学报，2007, 16(5)：67-71.

[171] 曹仲华. 西藏农区箭筈豌豆与一年生禾草混种效应的研究. 西北农林科技大学，2007.

[172] 柴强，胡发龙，陈桂平. 禾豆间作氮素高效利用机理及农艺调控途径研

究进展. 中国生态农业学报, 2017 (1)：19-26.

[173] 陈功, 贺兰芳. 燕麦箭筈豌豆混播草地某些生理指标的研究. 草原与草坪, 2005 (4)：47-49.

[174] 陈默君, 贾慎修. 中国饲用植物. 北京：中国农业出版社, 2000：673-675.

[175] 陈欣, 唐建军, 赵惠明. 农业生态系统中杂草资源的可持续利用. 自然资源学报, 2003 (3)：340-346.

[176] 崔纪菡. 施氮对西藏主栽饲草产量、养分累积和氮利用的影响. 中国农业大学, 2015.

[177] 董祥开, 刘恩财, 衣莹, 等. 钾对燕麦产量和品质的影响研究进展. 农机化研究, 2008 (11)：219-222.

[178] 董召荣, 田灵芝, 赵波, 等. 小黑麦牧草产量与品质对施氮的响应. 草业科学, 2018：257.

[179] 郭米娟. 西藏河谷地区人工草地生产力及群落特征研究. 中国农业大学, 2012.

[180] 韩建国. 牧草种子学. 北京：中国农业大学出版社, 1997.

[181] 胡顺勇, 余红梅. 青贮玉米高产高效栽培技术. 农村科技, 2007(8)：12.

[182] 金涛, 尼玛扎西. 西藏农区饲草生产技术研究. 北京：中国农业科学技术出版社：2011.

[183] 姜圆圆, 郑毅, 汤利等. 豆科禾本科作物间作的根际生物过程研究进展. 农业资源与环境学报, 2016 (5)：407-415.

[184] 蒋慧. 紫花苜蓿与无芒雀麦混播草地产量、品质和降解率研究及其综合评价. 硕士学位论文. 新疆：石河子大学, 2007.

[185] 寇明科, 王安禄, 徐占文, 等. 高寒牧区当年生人工混播草地建植试验. 草业科学, 2003 (5)：6-8.

[186] 寇明科, 王安碌, 张生璪, 等. 施肥处理对提高高寒人工混播草地产草量的试验研究. 草业科学, 2003, 20(4)：14-15

[187] 李春喜, 叶润蓉, 周玉碧, 等. 高寒牧区燕麦与箭筈豌豆混播生产性能及营养价值评价. 草原与草坪, 2016, (5)：40-45.

[188] 李佶恺，孙涛，旺扎，等.西藏地区燕麦与箭筈豌豆不同混播比例对牧草产量和质量的影响.草地学报，2011, 19 (5)：830-833.

[189] 李锦华，张小甫，田福平，等.西藏达孜箭筈豌豆西牧 324 播种期试验.中国草食动物，2011 (5)：40-42.

[190] 李儒海，强胜，邱多生，等.长期不同施肥方式对稻油两熟制油菜田杂草群落多样性的影响.生物多样性，2008 (2)：118-125.

[191] 李志华，聂朝相，陈宝书，等.氮磷钾肥单施与混施对燕麦生产性能的影响.草业科学，1994, 11 (4)：24-26.

[192] 梁巧玲，马德英.农田杂草综合防治研究进展.杂草科学，2007 (2)：14-15, 26.

[193] 刘敏，龚吉蕊，王忆慧，等.豆禾混播建植人工草地对牧草产量和草质的影响.干旱区研究，2016 (1)：179-185.

[194] 刘淑珍，范建容，周麟，等.西藏自治区草地退化及防治对策.中国生态农业学报，2002, 10：5-7.

[195] 隆英，革文清，等.西藏青饲玉米高产栽培技术.西藏科技，2007(10)：10-11：20.

[196] 马春晖，韩建国，李鸿祥，等.冬牧 70 黑麦＋箭筈豌豆混播草地生物量、品质及种间竞争的动态研究.草业学报，1999 (4)：56-64.

[197] 马春晖，韩建国.高寒地区种植一年生牧草及饲料作物的研究.中国草地，2001, (2)：50-55.

[198] 马春晖，韩建国.燕麦单播及其与箭筈豌豆混播草地最佳刈割期的研究.草食家畜，2000 (3)：42-45.

[199] 马雪琴.高寒牧区播期和氮肥对燕麦产量及其构成和氮素吸收利用与分配的影响.硕士学位论文.兰州：甘肃农业大学，2007.

[200] 苗彦军.西藏几种野生优质牧草种质资源研究与利用.硕士学位论文.杨凌：西北农林科技大学，2007.

[201] 祁军，郑伟，张鲜花等.不同豆禾混播模式的草地生产性能.草业科学，2016, (1)：116-128.

[202] 祁瑜，黄永梅，王艳，等.施氮对几种草地植物生物量及其分配的影响.

生态学报, 2011 (31)：5121-5129.

[203] 曲广鹏. 西藏农区牧草和饲草作物引种试验研究. 硕士学位论文. 北京：中国农业科学院, 2012.

[204] 尚小生. 小黑麦＋箭筈豌豆混播试验初报. 草业与畜牧, 2012 (11)：17-19.

[205] 宋江湖. 西藏野生垂穗披碱草种子产量与水肥关系的研究. 硕士学位论文. 杨凌：西北农林科技大学, 2008.

[206] 孙爱华, 鲁鸿佩, 马绍慧. 高寒地区箭筈豌豆＋燕麦混播复种试验研究. 草业科学, 2003 (8)：37-38.

[207] 孙鸿烈, 郑度, 姚檀栋, 等. 青藏高原国家生态安全屏障保护与建设. 地理学报, 2012, 67(1)：3-12.

[208] 孙亚鹏. 不同氮素形态对燕麦生长和磷素利用的影响. 呼和浩特：内蒙古农业大学, 2003.

[209] 田福平, 时永杰, 周玉雷, 等. 燕麦与箭筈豌豆不同混播比例对生物量的影响研究. 中国农学通报, 2012 (20)：29-32.

[210] 王代远, 西藏农村发展战略. 拉萨：藏文古籍出版社, 2009.

[211] 王建光. 农牧交错区苜蓿—禾草混播模式研究. 博士学位论文. 北京：中国农业科学院, 2012.

[211] 王连喜, 陈怀亮, 李琪. 植物物候与气候研究进展. 生态学报, 2010, (2)：447-454.

[212] 王平, 周道玮, 张宝田. 禾—豆混播草地种间竞争与共存. 生态学报, 2009 (5)：2560-2567.

[213] 王爽, 章建新, 王俊铃, 安沙舟, 等. 不同施氮量对饲用玉米产量和品质的影响. 新疆农业大学学报, 2007 (30)：17-20.

[214] 王旭, 曾昭海, 胡跃高, 等. 豆科与禾本科牧草混播效应研究进展. 中国草地学报, 2007, 29(4)：92-98.

[215] 王旭, 曾昭海, 朱波, 等. 箭筈豌豆与燕麦不同间作混播模式对产量和品质的影响. 作物学报, 2007 (11)：1892-1895.

[216] 王振飞, 旺甲, 米玛穷拉, 等. 西藏草地研究文集. 西安：天则出版社,

1992.

[217] 吴存浩. 中国农业史. 北京：警官教育出版社，1996.

[218] 武建双，沈振西，张宪洲，等. 藏北高原人工垂穗披碱草种群生物量分配对施氮处理的响应. 草业学报，2009 (18)：113-121.

[219] 武晓森，周晓琳，曹凤明，等. 不同施肥处理对玉米产量及土壤酶活性的影响. 中国土壤与肥料，2015 (1)：44-49.

[220] 肖文一，陈德新，吴渠来，等. 饲用植物栽培与利用. 北京：农业出版社，1991.

[221] 肖焱波，李隆，张福锁. 小麦／蚕豆间作体系中的种间相互作用及氮转移研究. 中国农业科学，2005 (5)：965-973.

[222] 徐长林，张普金. 高寒牧区燕麦与豌豆混播组合的研究. 草业科学，1989,6(5)：31-33.

[223] 徐长林. 青藏高原燕麦人工草地营养体农业生产潜力的探讨. 中国草地，2005,27(6)：64-66.

[224] 杨文亭，王晓维，王建武. 豆科—禾本科间作系统中作物和土壤氮素相关研究进展. 生态学杂志，2013 (9)：2480-2484.

[225] 鱼小军，柴锦隆，徐长林. 覆膜种植对甘南高寒区苜蓿生长和杂草数量的影响. 中国农业科学，2016 (4)：791-801.

[226] 张金屯. 数量生态学. 北京：科学出版社，2011.

[227] 张宪洲，何永涛，沈振西，等. 西藏地区可持续发展面临的主要生态环境问题及对策. 中国科学院院刊，2015 (3)：306-312.

[228] 张耀生，周兴民，王启基. 高寒牧区燕麦生产性能的初步分析. 草地学报，1998 (2)：115-123.

[229] 赵世锋，田长叶，陈淑萍，等. 草用燕麦品种适宜刈割期的确定. 华北农学报，2005,20：132-134.

[230] 赵雪雁，万文玉，王伟军. 近50年气候变化对青藏高原牧草生产潜力及物候期的影响. 中国生态农业学报，2016 (4)：532-543.

[231] 中国科学院青藏高原综合科学考察队. 青藏高原科学考察丛书——西藏地貌. 北京：科学出版社，1983.